suncolor
三采文化

U0013293

生命

WHAT IS LIFE?
UNDERSTAND BIOLOGY IN FIVE STEPS

之鑰

諾貝爾獎得主親撰　一場對生命奧祕的美麗探索

諾貝爾生理學／醫學獎得主 **保羅・納斯爵士** SIR PAUL NURSE **著**

林則彬 審訂　邱佳皇 譯

本書對這個或許是科學上最重要的問題，進行了文字上的美麗探索。我難得有機會真正深入了解這個複雜且深刻的主題，這是我讀過的最佳現代生物學入門書籍。

布萊恩・考克斯（Brian Cox）

在這本生動活潑的書本中，保羅・納斯爵士這位發現控制細胞分裂關鍵基因的人物，透過闡明生命的五個基本特徵來深入研究生物學。他的寫作充滿能量與知識，書中五個章節充滿令人驚奇的啟示，讓我愛不釋卷。這是本將啟發新一代生物學家的好書。

辛達塔・穆克吉（Siddhartha Mukherjee）

本書充滿了對生物學的精湛概述，匯集了重大

概念、精彩細節和個人獨到見解，閱讀後你會更想了解關於生物體的多樣性、複雜性和相互連結性，那可是生物學的大哉問，而這本書提供的答案是我見過的最佳解答。保羅·納斯是罕見的奇才，他不僅是榮獲諾貝爾獎的科學家，也是優秀的知識傳播者。

愛麗絲·羅伯茲（Alice Roberts）

　　保羅·納斯是一位十分優秀的科學家，同時也是一位偉大的知識傳播者。本書使用清楚優雅的方式，解釋生命的過程如何展開，也盡科學所能回答了如本書書名（*What is Life?*）所提出的疑問。在這個世界緊密結合的時刻，任何新型態的疾病都能以迅雷不及掩耳的速度席捲各國，因此現在的首要任務就是所有人——包括政治人物在內——盡可能讓

自己具備這方面的知識。本書所釐清和解釋的事情可以拯救數千條性命。我學習到很多，也非常享受整個閱讀的過程。

菲力普・普曼（Philip Pullman）

保羅・納斯對一個古老的問題提供了簡潔明瞭的回答。他寫作的內容不僅有長期經驗所累積的知識，同時也充滿智慧、遠見與獨到見解。我一口氣看完這本書並對結尾感到雀躍。那種感覺就像跑了數哩遠，從作者自己的花園跑到細胞內部，回到人類遠古祖先的那個年代，然後穿越一座實驗室，裡頭有位敬業的科學家正做著最熱愛的工作。

戴瓦・梭貝爾（Dava Sobel）

我們周遭充滿著生命，豐富多元且卓越非凡。但生命究竟是怎麼一回事？

　　諾貝爾獎得主保羅・納斯在職涯中致力於揭露活細胞的運作方式。他在本書中勇於接受挑戰，企圖用一種所有讀者都能理解的方式來定義生命。這是一場關於發現的共享旅程，他將一步步闡明支撐生物學的五大概念，回溯自己最初的好奇心與知識，揭露現在與過去的科學運作模式，透過自身在實驗室裡外的經驗，與我們分享那些挑戰、僥倖與靈光乍現的時刻。

　　要克服當今人類面臨的挑戰，包括氣候變遷、流行疾病、生物多樣性的消失與食安問題，了解生命的奧祕，將會是至關重要的事。

CONTENTS

本書獻給

Andy Martynoga（Yog）、朋友、父親和我的孫子

Zoe、Joseph、Owen、Joshua，

與需要照顧地球上生命的這一代人。

審 訂 序

　　在本書中，2001 年的諾貝爾生理學／醫學獎得主保羅‧納斯爵士透過討論生命的五個基本特徵，來闡述他個人對於生命如何延續的見解。全書從基礎的細胞結構、基因遺傳功能延伸至天擇下的生命演化、生命的化學組成以及控制生命的訊息活動，除了匯集重大生物學的概念來理性說明生命延續的原理之外，保羅‧納斯爵士更以感性的評析來闡述生命之所以存在的哲學。事實上，全書的背後是企圖透過這些見解，對人類開化至今最令人困惑的問題——「生命存在的意義」提出可能的看法。

對於受過社會科學訓練的讀者來說，保羅・納斯爵士詳細且優雅地解釋了生命如何展開、演化以及自我控制。這些論述應該可以幫助非生物醫學專業的讀者順利理解生命延續的基本知識。另一方面，對於已具備基礎生物醫學知識的讀者而言，保羅・納斯爵士對和諧與變動的敏銳觀察力以及科學恢宏的視野，更是讓專業讀者得以跨越技術操作的層級，聚焦在生命運作這種更高層次的思考。

　　本書是現代生物學最佳入門書籍。原文版本文字流暢清晰，後學有幸校閱本書的中文版本。雖然譯者與後學都希望能夠盡量符合「信、達、雅」的標準，但疏漏仍在所難免，還期待讀者後續的指正與鼓勵。

前 言

　　讓我開始認真思考生物學的，或許是一隻蝴蝶。當時剛進入春天，我大概 12 或 13 歲，坐在花園裡。我看到一隻顫抖的黃色蝴蝶飛過籬笆，那隻蝴蝶轉身盤旋並短暫停留，停留的時間足以讓我注意到翅膀上精緻的翅脈和斑點。然後受到一道陰影的驚擾，蝴蝶又飛了起來，消失在對面的籬笆上。那隻精緻、外型完美的蝴蝶不禁讓我開始思考：這隻蝴蝶對我來說截然不同，但也有點熟悉。蝴蝶顯然和我一樣具有生命，可以移動、察覺、回應，看起來堅定而果斷。我發現自己在思考著：活著到底意味著什麼？簡單說就是：「何謂生命？」

我大半輩子都在思考這個問題，但要找到令人滿意的答案並不容易。或許令人驚訝的是生命並沒有標準定義，儘管科學家們在各個時代都在與這個問題搏鬥。這本書的英文書名《*What is Life?*》無恥地偷竊自物理學家歐文・薛丁格（Erwin Schrödinger）的概念。薛丁格於 1944 年出版了一本影響深遠的同名書籍，他書中的焦點在於生命的某個重要面向，意即生物如何一代代維持令人驚嘆的秩序與一致性。因為根據熱力學第二定律（Second Law of Thermodynamics），宇宙是不斷朝著失序和混亂的狀態發展的。薛丁格很明智地將此視為一個重大問題，並且認為了解遺傳，也就是「基因是什麼」以及「基因如何在世代間忠實傳遞」這件事是極為重要的。

　　在這本書中，我會問同樣的問題：什麼是生命

的奧祕？但我認為光是破解遺傳學，無法給我們完整的答案。因此，我會把生物學中的五大概念作為爬升的階梯，一步步了解生命的運作方式。這些概念已經存在很長一段時間，並在解釋生物的功能方面被廣泛接受，但我將以新的方式融合這些觀念，並用此發展出一套定義生命的統一原則，希望這些原則能幫助你以嶄新的眼光看待我們生活的世界。

我應該在一開始就講明，我們生物學家常會避談一些大概念和宏觀的理論。在這方面，我們與物理學家有很大的不同。我們有時會給人一種既定印象，讓人覺得我們比較喜歡沉浸在細節、目錄和描述中，包括像是列出特定棲息地的所有物種，數出甲蟲腳上的毛髮，還有對數千個基因進行定序等。或許是大自然令人困惑甚至震驚的多樣性，導致我們難以找出簡單的理論和統一的概念，但像這樣綜

觀性的重要概念的確存在於生物學中，而這些概念
能幫助我們釐清複雜的生命。

　　我想要向你們解釋的五個概念分別是「細
胞」、「基因」、「天擇下的演化」、「由化學組
成的生命」和「由訊息組成的生命」，同時說明這
些事物來自何處、為何重要，還有如何與之互動。
我想讓你知道，隨著全世界科學家的新發現，這些
事物直至今日仍在改變並不斷發展中。我也想讓你
感受參與科學發現的感覺，因此我將向你介紹取得
這些進展的科學家，其中一些是我個人認識的。我
還將向你講述我自己在實驗室進行研究的經歷，包
括直覺、挫折、幸運以及出現全新見解時那種罕見
但美好的時刻。我的目標是跟你分享科學發現的快
感，並透過逐步了解自然界而獲得滿足。

人類活動正在將我們的氣候及其支持的眾多生態系統推向忍受的極限，甚至超越極限。為了維持既有生活，我們需要汲取研究生物界時，所得到的各種洞見。這就是為什麼在未來幾年和數十年中，生物學將愈見影響我們做出關於如何生活、出生、進食、治療和免受流行疾病侵擾的選擇。我將描述一些生物學知識的應用、權衡技術取捨的困難、道德上的不確定性以及其可能引起的意外後果。但在我們加入圍繞這些主題的激辯之前，我們首先要問「生命是什麼」以及「生命如何運作」。

我們生活在一個廣闊而令人敬畏的宇宙中，但在這個更大整體中的微小角落裡繁衍的生命，是最迷人和最神祕的一個部分。本書中的五個概念將如同我們將要前進的步驟一樣，逐步揭示定義地球生命的原則。這也將幫助我們思考，我們星球上的生

命或許最初是怎麼開始的，還有如果我們是在宇宙他處遇見生命，生命會是什麼模樣。不論你的起點在哪，甚至你認為自己對科學所知甚少或一無所知都沒關係，我希望你看完這本書後，更加了解你、我、那隻精巧的蝴蝶，以及我們星球上所有的事物，是如何彼此緊緊扣連。

　　最後，希望我們能一起更加了解生命的奧祕。

1

細胞

生物學的原子

我在遇見黃色蝴蝶不久後，就在學校第一次看到細胞。當時課堂上教我們讓洋蔥幼苗發芽，並把根部壓碎後，放到顯微鏡玻片下觀察其組成結構。很勵志的生物學老師基思·尼爾（Keith Neal）跟我們說：「我們將看到細胞，細胞是生命的基本單位。」然後我就看到整齊排列的盒狀細胞在我眼前展開，堆疊成有秩序的行列。而這些微小的細胞能透過生長和分裂使洋蔥的根向下穿過土壤，為成長中的植物提供水分、養分和固定的力量，著實令人佩服。

隨著我對細胞認識愈多，就愈感到驚奇。細胞有各種不可思議的形狀和尺寸，多數小到無法以肉眼看見，真所謂微乎其微。可以感染膀胱的某種寄生細菌類的個體細胞，可以在一毫米間隙內並排三千個。有些細胞則極為巨大。如果你早上會吃雞

蛋，可以想想這件事：整個蛋黃就是一個單細胞。我們體內有些細胞也非常巨大，比方說有些神經細胞是從你的脊椎根部一直延伸到大拇指頂端，意思是那些細胞都有約一公尺長。

雖然這些多樣性令人驚奇，但對我來說，最有趣的是所有細胞的共同點。科學家總是對鑑定基本單位感興趣，最好的例子就是物質的基本單位原子，而生物的原子就是細胞。細胞不僅是所有生物的基本結構單位，也是生命的基本功能單位。我的意思是，細胞是具有生命核心特徵的最小實體，也就是生物學家稱之為細胞理論的基礎。這個理論指的是，地球上活著的一切都是細胞，或是由細胞集合而成。可以肯定地說，細胞是可以被稱為活著的東西中，最簡單的生命。

細胞理論大約有一個半世紀的歷史，這項理論已經成為生物學的關鍵基礎之一。考慮到這個概念對於理解生物學的重要性，我很訝異這項理論竟然沒有引起公眾更多的想像。這可能是因為多數人在學校的生物課上，都被告知細胞僅是更複雜生命的構成基礎，但事實上，細胞是更為有趣的存在。

細胞的故事開始於 1665 年，當時羅伯特・虎克是新成立的倫敦皇家學會（Royal Society of London）成員，該學會是世界上最早的科學學院之一。和科學界中常見的案例相同，一項新科技的出現讓他有了新的發現。由於多數細胞都小到肉眼不可見，要一直到十七世紀早期顯微鏡發明後，科學家們才有了新發現。科學家通常身兼理論家與技藝精湛的工匠，這句話套用在虎克身上也十分恰當。他樂於探索物理、建築或生物領域，同時也會

發明科學儀器。他製作出自己的顯微鏡,並用來探索肉眼所無法企及的陌生世界。

虎克觀察的其中一件物品是軟木薄片。他看到軟木由一排排分隔的空洞組成,和三百年後我在學生時期看到的洋蔥根尖端細胞非常類似。虎克用拉丁語 cella(即小房間或隔間)來為這些細胞命名。那時虎克不知道他畫的細胞事實上不僅是所有植物的基本組成單位,也是所有生命的基本組成單位。

在虎克的發現後不久,荷蘭研究員安東尼．范．雷文霍克(Anton van Leeuwenhoek)發現了單細胞生命,這成為另一項至關重要的觀察。他發現這些微小生物在池塘水樣本中游動,並在從牙齒上刮下的牙菌斑中生長。這種觀察令他感到很不安,因為他原本對自己的牙齒衛生感到驕傲。他給

這些微小的生物起了一個可愛的名字「微動物」
（animalcules），不過我們今日已經不再使用這個
單字。事實上，那些被他發現在牙齒間叢生的細
菌，是第一批被描述出來的細菌，雷文霍克意外發
現了微小單細胞生命型態的全新領域。

我們現在知道，細菌和其他種類的微生物細胞
（「微生物」是所有可以作為單個細胞生存的微小
生物統稱）是迄今為止地球上數量最多的生命型
態，這些生命型態棲息在從高氣壓到地殼深處的
所有環境中。少了這些生命型態，生活就會停滯不
前。這些生物可以分解排泄物、生成土壤、回收養
分並從空氣中獲取植物和動物生長所需的氮。當科
學家觀察人類的身體時，他們發現在我們三十兆或
更多的人類細胞中都至少有一個微生物細胞，所有
人類都不是孤立、單獨的實體，而是由人類和非人

類細胞組成、一個龐大且不斷變化的群體。這些微小的細菌和真菌細胞在我們身上和體內生存，影響我們消化食物和抵抗疾病的方式。

但是在十七世紀之前，完全沒有人知道這些隱形細胞的存在，更不知道這些細胞其實和其他較大型的生命型態基本運作原理都相同。

然而，在十八世紀和十九世紀初期，顯微鏡和顯微技術獲得改善，很快科學家們就從各種形式的不同生物中鑑定出細胞。一些人開始推測所有植物和動物都是幾個世代前，雷文霍克所鑑定的那些微動物的集結。然後，經過漫長的孕育，細胞理論終於完全誕生。1839 年，植物學家馬蒂亞斯·雅各布·施萊登（Matthias Schleiden）和動物學家泰奧多爾·許旺（Theodore Schwann）總結了自己和許

多研究人員的研究後寫道：「我們已經看到所有生物基本上都是由相似的部分組成，這個部分就是細胞。」科學界終於做出啟迪人心的結論：細胞就是生命的基本結構單位。

當生物學家意識到每個細胞本身就是一種生命形式時，就更加深了這項見解的意涵。這個概念被前衛病理學家魯道夫・菲爾紹（Rudolf Virchow）擷取，他在 1858 年寫道：「每個動物看起來都是生命單位的總和；每個動物本身都具有生命的全部特徵。」

這意味著所有細胞都活著。當生物學家從動植物的多細胞體中獲取細胞，並使這細胞在玻璃容器或塑料容器（通常是被稱為培養皿的平底容器）中存活時，清楚地證明了這一點。有些細胞株已經在

世界各地的實驗室中連續生長了數十年，讓研究人員不須處理複雜的生物就可以研究生物過程。細胞是活的，可以移動並對環境作出回應，其內在始終處於活動狀態。相較於動物或植物這樣完整的有機體，細胞或許簡單，但絕對是有生命的。

不過最初由施萊登和許旺提出的細胞理論存在一個重要的缺漏：他們的理論並沒有提到新細胞如何變成生物。後來生物學家發表新理論，認為細胞是透過將自身的單一細胞分裂為兩個細胞來進行繁殖，而且這是製造新細胞的唯一方式。如此一來，原本的缺漏就補齊了。菲爾紹用拉丁文雋語「所有細胞都來自細胞」（Omnis cellula e cellula）讓此一想法更廣為流傳。這句話還有助於糾正某些當時深植人心的錯誤觀念——生命永遠是由惰性物質自動產生的——但事實並非如此。

細胞分裂是所有生物生長發育的基礎，這關鍵的一步會將動物的單一受精卵轉化為一球細胞，最終變成胚胎這種高度複雜和有組織的生物。一切都始於細胞分裂，分裂成兩個細胞後，這兩個細胞就具有不同的特性，之後胚胎的所有發育都是基於相同的過程：細胞不斷分裂，然後製作出愈來愈精緻的胚胎，最後發展出專門的組織和器官。這意味著所有生物，無論大小或複雜程度，都是由單個細胞發展而來。我想，如果我們能記得每個人都曾經是一個細胞，是透過受孕時精子和卵子的結合才開始發展，那麼我們所有人都會更加尊重細胞。

人體之所以可以神奇地自我修復也全拜細胞分裂之賜。要是你不小心被書本邊緣割傷，那麼傷口周遭的細胞分裂將協助你修復傷口，維護你的健康。相對來說，癌症所造成的新一輪細胞分裂則是

一種不幸的狀況。癌症是由於細胞的生長和分裂不受控制所引起，這些細胞讓惡性腫瘤擴散，進而對身體造成傷害甚至致死。

　　不管是在健康、生病、年輕或年老時，細胞性質的轉變都和我們的生長、修復、退化和惡性腫瘤息息相關。事實上，多數疾病的起因都可以追溯到細胞功能失調，而了解細胞發生的問題將有助於人類發展出新的疾病療法。

　　細胞理論不斷影響著生命科學和醫學實踐的研究過程，也劇烈影響了我的生命歷程。自從我十三歲時，在顯微鏡下瞇著眼看了洋蔥根尖端的細胞以來，就一直對細胞及其運作的方式感到好奇。當我開始從事生物學研究時，我決定研究細胞，尤其是細胞如何自我繁殖並控制其分裂的這個領域。

我在 1970 年代開始使用的細胞是酵母細胞，大多數人認為酵母細胞僅有助於釀造葡萄酒、啤酒或麵包，而不是用來解決基本的生物學問題，但事實上這些細胞卻是了解更複雜的生物細胞運作的理想模型。酵母是一種真菌，其細胞卻與動植物的細胞十分相似，體積也很小，相對簡單、生長快速，而且維持其存活不必花費大量的金錢，只要餵食簡單的營養物就可以。在實驗室中，我們可以讓酵母菌自由漂浮在肉湯中，也可以讓酵母菌在塑膠培養皿中的一層果凍上生長，在那裡酵母菌會形成幾毫米寬的奶油色菌落，每個菌落包含數百萬個細胞。儘管酵母細胞很單純，或更精確地說，正是由於酵母細胞很單純，所以能讓我們了解細胞如何在包括人體細胞等多數生物中分裂，我們之所以能了解不受控的癌細胞，經常也是來自研究不起眼的酵母菌。

細胞是生命的基本單位，是單一的生命個體，被像脂肪的脂質製成的膜包圍著。但就像原子內包含了電子和質子一樣，細胞內也包含了較小的成分。如今的顯微鏡非常強大，生物學家可以用這些顯微鏡來揭示細胞內複雜且美麗的結構。這些結構中最大的一個部分稱為胞器（organelles），每個胞器都包裹在自己的一層膜中。其中細胞核是細胞的指揮中心，因為包含了寫入染色體的遺傳指令，而粒線體（在某些細胞中可能有數百個）則充當微型發電廠，為細胞提供成長和生存所需要的能量。細胞內的各種其他容器和隔間可執行複雜的物流功能，負責建造、分解或回收細胞的各個部分，以及讓原料進出細胞並在細胞內部傳送。

　　然而，並非所有生物細胞都包含這些被膜包覆的胞器和有複雜的內部結構，具有細胞核和缺少細

胞核會將生命分為兩個主要分支。那些具有細胞核的有機體，像是動植物和真菌，被稱為真核生物；沒有細胞核的則被稱為原核生物，像是細菌或古生菌。古生菌和細菌的大小與結構似乎很相似，但古生菌其實是細菌的遠親。在某些方面，古生菌的分子作業模式與像我們這樣的真核生物模式甚至更為相似。

不管是原核生物或真核生物，細胞相當重要的一個部分都是細胞的外膜。雖然這層外膜只有兩個分子厚，但卻形成一個彈性的牆壁，或說是屏障，讓每個細胞與其外在環境隔開，界定內外之分。不管是在哲學上或是實踐上，這個屏障都很重要，這層外膜最終將能解釋生命為何能成功抗拒宇宙法則，不衝向失序與混沌的原因。在這個保護膜內，細胞可以建立和培養其運作所需的秩序，同時在細

胞外部製造混亂，這樣一來生命就不會和熱力學第二定律有所牴觸。

　　所有細胞都能偵查自己內部的狀態和周圍環境的變化，並對其做出反應，因此儘管與棲息環境隔離，仍可以和周圍環境保持密切聯繫。細胞也一直處於活躍的狀態，並努力維持允許其生存和繁衍的內部條件。細胞與更多可見的生物擁有同樣特徵，就像是我小時候看過的蝴蝶，更進一步說，細胞與人類擁有同樣的特徵。

　　事實上，細胞與各種動植物和真菌都有許多共同的特性。細胞會成長、繁殖、維生，並在所有過程中展現出一種目標感，一種不論如何都迫切要堅持、活著和繁殖的目標感。所有細胞——從雷文霍克在他牙齒間發現的細菌，到讓你能閱讀這些文字

的神經元細胞——都與所有生物共有這些特質，因此了解細胞的運作能讓我們更了解生命的運作。

　　細胞存在的核心是基因，這部分我們會在下個章節提及。基因是每個細胞用來建造和組織自我的加密指令，基因必須在細胞和生物繁殖時傳承給每個新世代。

2

基因

時 間 的 考 驗

我有兩個女兒和四個孫子，他們所有人都極為與眾不同。比方說，我其中一個女兒莎拉是一名電視製作人，另一個女兒艾蜜莉是物理學教授。但她們有些特徵還是會和彼此、和她們的孩子或我與妻子相同。家人之間的相似度可能很高或只有部分相似，相似的地方包括身高、眼珠顏色、嘴巴或鼻子曲線，甚至一些特別的習性或臉部表情等。家人之間也會有很多差異，但無法否認的是，每代之間都有延續性。

所有生物的父母和子女間，一定會有某種程度的相似，那是亞里斯多德和其他古典時期思想家很久之前就認證的理論，但生物遺傳的基礎一直是個難解之謎。多年來出現過各種解釋，但有些解釋在今日看來有些古怪。比方說亞里斯多德就認為母親對孩子的影響只有在腹中的成長，就像某種土

壤品質對植物的影響，只有從種子到發芽的階段而已。有些思想家則是認為遺傳基礎是來自「血液的混合」，也就是說孩子是從雙親那邊獲得平均的特徵。

直到發現基因後，我們才更加了解遺傳的運作方式。基因不只幫助我們理解家人間複雜的相似性和獨特性，也是生命用來建造、維持和繁殖細胞的關鍵訊息來源。更進一步說，基因也是細胞製造的有機體的關鍵訊息來源。來自現位於捷克布爾諾修道院的孟德爾（Gregor Mendel），是第一位解開遺傳學神祕面紗的人。但他的研究標的並不是人類費解的遺傳型態，而是用豌豆這種植物進行謹慎的實驗，而他所研究出來的概念，最終引導我們發現目前稱之為基因的遺傳單位。

孟德爾不是第一個用科學實驗來探究遺傳學的人，甚至不是第一個用植物來尋找答案的人，有些更早期的植物育種家描述了植物的某些特徵如何以不如我們預期的方式代代相傳。兩種不同的親株植物混種後的下一代，有時候看起來會像兩種的混合。比方說，將紫色花和白色花混合後可能會產生粉紅色的花；但有些特徵則會在某個世代中扮演主宰角色，比方說紫色花和白色花的下一代是開出紫色的花。早期的研究先驅集合了許多有趣線索，但當中沒有人能完全解釋基因如何在植物中發揮遺傳效用，更別說如何在所有生物，包括人類上，發揮效用了，而那正是孟德爾在豌豆實驗中所開始揭露的事情。

　　在 1981 年冷戰中期，我進行了一場自己的朝聖之旅，前往位於布爾諾的奧古斯丁教派修道院，

看看孟德爾曾經工作的地方，那是當地成為如今的觀光勝地前很久的事。當時野草叢生的花園大得驚人，我能輕易想像孟德爾曾經在那裡種植著一排排豌豆的情景。他曾經在維也納大學攻讀自然科學，雖沒有成為合格教師，但他並沒有遺忘自己在物理學方面所受的訓練。他明白自己需要很多資料，因為龐大的樣本更有可能發現重要的模式。他有些實驗包含了一萬多種不同的豌豆植物，在他之前未曾有植物育種家採行過如此縝密和大量的方式來進行研究。

　　為了降低實驗的複雜度，孟德爾只專注在有顯示明確差異的特徵上。他多年來小心記錄他所設計的混種結果，並發現了其他人沒注意到的模式。更重要的是，他觀察到在這些豌豆中會有特定比例出現某些特徵，特定比例缺少某些特徵，像是特定花

色或種子形狀等。關鍵之一就是孟德爾用了數學級數的方式來描述這些比例，這讓他可以主張豌豆花內的雄性花粉和雌性胚珠含有他稱為「元素」的事物，這些元素就和親株的不同特徵有關聯。當這些元素透過受精結合，就會影響下一代植物的特徵。但孟德爾當時並不知道這些元素是什麼，或者會怎麼運作。

當時有個有趣的巧合，另一位知名的生物學家達爾文（Charles Darwin）大約在同一時間也在研究金魚草這種植物的混種，他觀察到類似的比例，但並沒有試著解釋那些數值可能代表的意義。總之，孟德爾的研究幾乎被當代完全忽視，直到一整個世代後，才有人認真看待他的研究。

接著，在約莫 1900 年時，有一些獨立研究的

生物學家重複了孟德爾的研究，將這些研究進一步發展，並開始對於遺傳如何運作這件事做出更明確的預測，進而促進為了紀念孟德爾而命名的「孟德爾定律」和遺傳學的誕生，世界開始注意到這個議題。

孟德爾定律提出遺傳而來的特徵是由成對存在的物理粒子所決定，這些粒子就是孟德爾所說的元素，我們現在稱之為基因。孟德爾對這些粒子是什麼並沒有多加著墨，卻非常精準地描述了這些粒子被繼承的方式。最重要的是，我們漸漸明白這些結論不僅適用於豌豆，還適用於所有有性繁殖的物種。從酵母菌到人類和所有這之間的有機體都適用。你的每個基因都是成對存在，你從親生父母那邊各自繼承一個基因，並透過受精時結合在一起的精子和卵子傳播。

在十九世紀最後三十多年這段期間，雖然孟德爾的發現沒有受到青睞，但科學並非停滯不前，特別是研究學者終於更加了解參與細胞分裂過程中的細胞。當這些觀察終於和孟德爾提出的遺傳粒子連結時，基因在生命中所扮演的要角就受到更多重視。早期的線索是在細胞內發現了看起來像細線的微小結構，那是在 1870 年代由一位名叫華爾瑟·弗萊明（Walther Flemming）的人所發現，他原本是一位德國軍醫，後來成為細胞生物學家。他透過那個年代最厲害的顯微鏡，描述這些細線的有趣行為。當細胞準備開始分裂時，弗萊明看到這些細線縱向分裂成兩半，接著變短變厚，然後當細胞分裂成兩個時，細線就會被分開，而分開後的半條線最後都會進到新形成的子細胞裡。

弗萊明當時雖然觀察到這個現象，但卻不明白

那就是基因所做的事情，也就是孟德爾提出的遺傳粒子，弗萊明當時所稱的細線就是我們現在稱的染色體，染色體是存在於所有細胞中的物理結構，而細胞又包含了基因。

大約在同一時間出現了關於基因和染色體的另一個關鍵線索，這個線索令人意外，竟然是寄生蟲蛔蟲的受精卵。比利時生物學家愛德華・范・貝內登（Edouard van Beneden）仔細檢查了蛔蟲發育的最早階段，他透過顯微鏡觀察到每個新受精胚胎的第一個細胞都含有四個染色體，恰好是從卵子中獲得兩個，從精子中獲得兩個。

這完全符合孟德爾定律認為兩組成對的基因會在受精時結合在一起的預測。范・貝內登的實驗結果自那時起也獲得了多次確認。卵子和精子中各有

一半的染色體，而當兩者結合形成受精卵時，就會形成完整數量的染色體。我們現在知道發生在蛔蟲身上的有性生殖過程，也同樣會發生在包括人類在內的所有真核生物身上。

染色體的數量差異非常大。豌豆每個細胞有 14 個染色體、人類有 46 個，而亞特拉斯藍蝶（Atlas blue butterfly）的細胞則有超過 400 個染色體。幸好范・貝內登研究的蛔蟲只有 4 個染色體，如果染色體數量再多，他可能就無法輕易數出來，透過仔細觀察相對簡單的蛔蟲，讓他能一窺基因遺傳中通用的真理。從有著簡單生物系統、能夠被清楚解釋的實驗開始，接著就能夠更廣泛地了解生命是如何運作的。我也正是因為這個原因而在職涯多數時間都選擇調查簡單且容易研究的酵母細胞，而不選擇更複雜的人類細胞。

將弗萊明和范・貝內登的發現放在一起，就能清楚看出染色體既在分裂細胞的世代間傳遞基因，也在整個有機體的世代間傳遞基因。但還是有些特例，像是紅血球細胞會隨著成熟而失去整個細胞核並失去所有基因。你身體內的每個細胞都有整組基因的副本，這些基因在一起扮演了重要角色，從一個單獨的受精卵細胞開始進行指揮，直到發展為完全成長的身體。在所有生物的生命週期中，基因負責提供每個細胞建構和維持自我所需的基本訊息。因此每次細胞分裂時基因都會跟隨，而整組基因必須被複製並平均分配到兩個新形成的細胞中，這也表示細胞分裂是生物學中繁殖的基本範例。

　　生物學家要面對的下一個巨大挑戰是要了解基因的真面目和基因如何運作。這在 1944 年時有了重大進展，當時紐約有一小群由微生物學家奧斯瓦

德・艾弗里（Oswald Avery）領軍的科學家，他們進行了一項實驗，鑑定出形成基因的物質。艾弗里和他的同僚當時正在研究引起肺炎的細菌，他們知道當這些無害的細菌株和來自致命菌株的死亡細胞殘餘混合時，可能產生危險甚至致命。重要的是，這種轉變是可以被繼承的，一旦細菌具有毒性，就會把這項特徵傳給所有後代。這讓艾弗里得出一項推論，單一或多個基因其實是被作為一種化學物質進行傳遞。從死亡細胞的殘餘物中，有害的細菌被傳遞到活的無害細菌中，永遠改變了本質。他明白自己如果能找到死亡細菌中負責這項基因轉變的部分，就能告知世人基因是由什麼組成的。

結果扮演這個關鍵角色的是稱為「去氧核糖核酸」的物質，大家應該都聽過去氧核糖核酸的縮寫，也就是 DNA。其實當時已經知道細胞內帶

有基因的染色體含有 DNA，但多數生物學家認為 DNA 太過簡單無聊，不可能影響像遺傳這樣複雜的現象，但他們都錯了。

你的每個染色體核心都有一個單一而完整的 DNA 分子，這些 DNA 可能非常長，而且每個都可能包含數百甚至數千個鏈狀排列的基因。比方說人類的第 2 號染色體就包含由一千三百多個不同基因組成的串列，如果將那段 DNA 展開，長度將超過八公分，也就是如果將你每個細胞中的 46 條染色體加總起來，長度可以超過兩公尺這麼長。不過透過神奇的包裝手法，可以全塞進一個不超過千分之幾毫米寬的細胞中。而且如果你能以某種方式將纏繞在人體數兆個細胞中的所有 DNA 結合並延伸成一條細長的線，那麼長度大約會有兩百億公里，那長度足以往返地球到太陽六十五次。

艾弗里是個相當謙遜的人，並沒有對自己的發現大聲張揚，而有些生物學家則對他的結論抱持批評態度。但他是對的，基因是由 DNA 組成。當這項真理受到大眾普遍認可時，代表整個遺傳學和生物學的新時代誕生了。基因終於可以被視為一種化學物質，也就是一種遵守物理學和化學定律的穩定原子集結。

然而，1953 年時，人類又對 DNA 的結構有了新的闡述，這時才真正開啟了另一個美好時代。大多數生物學中的重要發現都仰賴眾多科學家經年累月的研究，他們不斷挖掘事物的本質，最後才逐漸顯露出重要的事實。但有時候卻會更快出現嶄新的見解，DNA 結構正是這種狀況。在短短幾個月內，倫敦的三位科學家，羅莎琳德·富蘭克林（Rosalind Franklin）、雷蒙·葛斯林（Raymond

Gosling）和莫里斯・威爾金斯（Maurice Wilkins）進行了關鍵性的實驗，然後位於劍橋的弗朗西斯・克里克（Francis Crick）和詹姆斯・華生（James Watson）解釋了實驗數據並正確推論出 DNA 結構。此外，他們也快速掌握了生命的奧祕。

在他們年紀更大時，我有機會熟識克里克和華生，他們是截然不同的一對夥伴。弗朗西斯・克里克頭腦犀利，擁有敏銳的邏輯。他只要鎖定問題，就一定要找到答案才善罷甘休。詹姆斯・華生則擁有優秀的直覺，可以得出別人沒看到的結論，儘管我們不清楚他是如何辦到的。他們兩人都充滿自信並直言不諱，雖然會提出批評，但他們與年輕科學家也有高度的互動。當他們兩位合體時，是一個令人敬畏的組合。

他們提出的 DNA 雙螺旋結構其真正美麗之
處，並不在於優雅的螺旋結構本身，而是這種結構
解釋了遺傳物質為了生存和生命的永續必須做的兩
件事。首先是 DNA 必須將訊息編碼，讓細胞和整
個有機體本身得以成長、維繫和繁殖。接著必須能
夠精確可靠地自我複製，讓每個新細胞和新有機體
都可以繼承一套完整的遺傳指令。

你可以將 DNA 螺旋結構視為一種扭曲的階
梯，這個結構可以解釋這兩個關鍵功能，讓我們
來看看 DNA 如何傳遞訊息。在這個結構中，階
梯的橫檔分別由稱為核苷酸鹼基的化學分子對之
間的連結構成。這些鹼基只有四種不同類型：腺
嘌呤（Adenine）、胸腺嘧啶（Thymine）、鳥嘌
呤（Guanine）和胞嘧啶（Cytosine），縮寫為 A、
T、G、C。這四個鹼基沿著兩股 DNA 樓梯出現的

順序成為包含訊息的編碼，就像你正在閱讀的句子也是透過字母的排序才產生意義是一樣的道理。每個基因都是這個 DNA 編碼的明確延伸，包含了給細胞的訊息。這個訊息可能是產生某種色素的指示，那個色素將決定眼睛的顏色、讓豌豆花的細胞成為紫色或是讓肺炎細胞的毒性更強等。細胞藉由讀取這些遺傳編碼從 DNA 獲得訊息，並讓這些訊息去發揮作用。

接著就需要精確複製 DNA，才能將基因中的所有訊息忠實地從這一代細胞或有機體傳遞給下一代。組成階梯每個橫檔的兩個核苷酸鹼基的形狀和化學特性使得鹼基只能以單一和精確的方式配對，比方說 A 只能和 T 配對，而 G 只能和 C 配對。這表示如果你知道一股 DNA 上鹼基的順序，就能立即知道另一股的核苷酸鹼基順序。進一步說，如果

你將雙螺旋分成兩股，則每股都可以充當樣板完美複製原始的夥伴。當克里克和華生發現 DNA 的建構方式時，就知道細胞一定是用這種方式複製 DNA、形成染色體，並複製了基因。

　　基因藉由指示細胞如何建構特定的蛋白質，對細胞乃至整個有機體的行為產生重大影響。這項訊息是生命的關鍵，因為細胞中大部分的工作都是由蛋白質執行，細胞中大多數的酶、結構和運作系統都是由蛋白質製造。為了這個目的，細胞可以在兩套字母之間進行轉譯，一套是由 A、T、G、C 四個字母組成的 DNA，一套是更複雜的蛋白質字母，由二十種稱為胺基酸的不同單位序鏈組成。到了 1960 年代初期，人們已經了解基因與蛋白質之間的基本關係，但仍舊沒有人知道細胞是如何將訊息從 DNA 的語言轉換為蛋白質的語言。

這種關係被稱為「基因密碼」，這為生物學家帶來了真正的難題。此密碼最後終於在 1960 年代末和 1970 年代初接連被多位研究人員破解。其中我最熟悉的是弗朗西斯‧克里克和席德尼‧布瑞納（Sydney Brenner）。席德尼是我見過最機智和最離經叛道的科學家。我曾經因為求職接受過他的面試（但我並沒有得到那份工作）。當時他將自己的同事比作辦公室牆上掛的畢卡索畫作《格爾尼卡》（Guernica）裡的瘋狂人物。他的幽默來自出奇不意，而我猜想那也是他作為科學家巨大創造力的來源。

這些人和其他破解密碼者表示 DNA 的四個字母組沿著每一股 DNA 階梯被排列成三個字母組成的「單字」，其中大多數短單字會對應蛋白質的一個特定胺基酸單位。比方說 DNA 單字 GCT 會告

訴細胞去增加一個稱為丙胺酸的胺基酸到新的蛋白
質，而 TGT 則會呼叫稱為半胱胺酸的胺基酸。你
可以把基因想成是 DNA 單字為了製造某特定蛋白
質時所做的排序。像是人類稱為乙型球蛋白（beta-
globin）的基因，其基本訊息就在 441 個 DNA 字
母（核苷酸鹼基）裡，可以拼出 147 個由三個字母
組成的 DNA 單字。細胞將這些單字轉譯成有 147
個胺基酸長的蛋白質分子。在這個狀況下，乙型球
蛋白的蛋白質會協助一種在紅血球細胞中能找到、
稱為血紅蛋白的載氧色素形成，那能維持人的生命
並讓血液呈現紅色。

　　能夠了解基因密碼讓我們解決了生物學核心的
關鍵謎題，顯示了儲存在基因中的靜態指令如何能
被轉化為主動的蛋白質分子，建構和操縱活的細
胞。破解這個密碼就像鋪設了一條康莊大道，讓

今日的生物學家可以恣意描述、解釋和修改基因序列。這在當時似乎是個十分重大的進展，以至於有些生物學家放棄了繼續研究，而擅自認為已經解決了細胞生物學和遺傳學最基本的問題。甚至弗朗西斯・克里克都決定將他的研究焦點從細胞和基因轉移到人類意識的奧祕上。

如今五十多年過去了，顯然研究還未告一段落。儘管如此，生物學家還是取得了極大的進步。在一個世紀內，原本只被視為抽象元素的基因已經被徹底翻轉。當我在 1973 年完成博士學位時，基因已經不再只是一個概念或染色體的一部分，而是一串 DNA 核苷酸鹼基，能為細胞中有精確功能的蛋白質進行編碼。

生物學家很快就學會如何找出特定基因在染色

體上的位置，並將其抽取出來後在染色體之間移動，甚至將其注入不同物種的染色體中。例如在 1970 年代後期，大腸桿菌的染色體被改造成能編碼胰島素蛋白的人類基因，胰島素的作用是調節血糖，這些經過基因改造（Genetically Modified，簡寫為 GM）的細菌產生的胰島素蛋白不僅與人類胰臟製造的胰島素相同，還能以便宜價格大量生產。從那時候開始，這些人造胰島素已經協助全世界數百萬名患者控制他們的糖尿病。

在 1970 年代，英國生物化學家弗雷德里克‧桑格（Frederick Sanger）做出讀取遺傳訊息的重大發明。他巧妙地結合化學反應和物理方法，以識別構成基因的所有核苷酸鹼基的性質和序列，這個過程稱為 DNA 定序。不同基因的 DNA 字母數量相距甚大，從幾百個鹼基到數千個鹼基都有，能進行

讀取並預測其產生的蛋白質是一大進步。桑格為人極為謙遜又擁有非凡的成就，並在日後陸續獲得了兩次諾貝爾獎。

到二十世紀末，整個基因組（genome）可以被定序了，這也包括人類的基因組。基因組指的是存在細胞或有機體內的一套完整基因或遺傳物質。人類基因組的所有三十億個 DNA 字母在 2003 年首次獲得大致的定序。這是生物學和醫學發展的一大步，此後的進展也從未停歇。雖然第一個基因組的定序花費了十年的時間，並耗資超過二十億英鎊，但如今的 DNA 定序儀器可以在一兩天內完成相同的任務，花費只需要幾百鎊。

原始人類基因組計畫中最重要的事情就是列出約兩萬兩千種蛋白質編碼基因，所有人都共有這些

構成我們遺傳基礎的基因。這些基因不僅讓我們展現共同特徵，也展現了讓我們成為不同個體的遺傳特徵。這樣的知識並不足以給人類的組成下定義，但是沒有這樣的知識，我們對人類的理解將永遠是不完整的。這有點像在一齣戲中列出角色，這件事是必要的起點，但下一個更重大的任務是編寫劇本並找到使這些角色栩栩如生的演員。

　　細胞分裂的過程能將「細胞」和「基因」這兩個概念緊密相連。每次細胞分裂時都必須先複製內部所有染色體上的所有基因，然後平均分裂到兩個子細胞裡，因此基因的複製和細胞的分裂必須緊密協調，不然我們將因缺乏必須的全套遺傳指令導致細胞死亡或功能異常。這種協調透過細胞週期這個過程來實現，細胞週期指的是策劃每個新細胞誕生的過程。

DNA 在細胞週期的早期，稱為 S 期的 DNA 合成階段被複製，而新複製的染色體會在稍後的有絲分裂過程中分裂。這能確保在細胞分裂時產生的兩個新細胞各自具有完整的基因組。這些細胞週期中發生的事件也讓我們看清生命的一個重要面向：生命的形成都是基於化學反應，儘管反應非常複雜。這些反應本身不能被視為有生命的活動，只有當建立一個新細胞所需的數百種反應一起作用，產生全新的系統，執行特定目的時，才能稱為有生命的活動。這就是細胞週期對細胞的作用：啟動 DNA 複製的化學作用，從而達到複製細胞的目的。

我在二十歲出頭時開始認識到細胞週期對於理解生命的重要意義，我當時是位於諾里奇的東安格利亞大學的一名研究生，正在尋找一個繼續科學生

涯的研究計畫，但我沒想到這個在 1970 年代開啟
的研究計畫，竟然會成為我大半輩子的研究熱情
所在。

　　像細胞生命中的大多數過程一樣，細胞週期也
是由基因和這些基因產生的蛋白質來決定。多年來
我實驗室的指導目標一直是要找出運行細胞週期的
特定基因，並找出其運作原理，為此我們使用了裂
殖酵母菌（一種在東非用來釀造啤酒的酵母），因
為酵母菌雖然相對簡單，但其細胞週期卻與許多其
他生物中所見的細胞週期非常相似，包括像我們人
類這樣細胞大得多的生物。接著，我們就著手尋找
在細胞週期中產生基因突變的酵母菌株。

　　遺傳學家所說的「突變」是有特殊意義的，突
變的基因並不一定是有異常或是有損壞，只是表示

基因產生了變異。孟德爾所混種的不同植物，像是紫色或白色的花朵彼此間的不同是由於決定花色的基因產生了突變。按照完全相同的邏輯，眼睛顏色不同的人也能被視為是人類獨特的突變體，通常要說這些不同的變異哪個應該被視為正常是沒有意義的。

當基因的 DNA 序列被改變、重組或消除時就會發生突變，這通常是由於細胞受到損害（例如紫外線輻射或化學傷害）或 DNA 複製和細胞分裂過程中偶發的錯誤所造成。細胞具有精密的機制，可以發現和修復大多數的錯誤，也就是說突變通常是非常罕見的。根據評估，每個細胞分裂時平均只會發生三個小突變，這可以說是極低的錯誤率，大約是每十億個被複製的 DNA 字母只會產生一個突變，但一旦發生突變就會製造出不同形式的基因，

讓蛋白質產生變異，並進而改變繼承這些基因的細胞生物特性。

有些突變藉由改變基因的工作方式提供了創新的來源，偶爾很有用，但是在多數狀況下突變會阻止基因發揮正常功能。有時候僅更改一個 DNA 字母就會產生很大的影響。比方說當一個孩子繼承了兩組乙型球蛋白基因特定變體時，隨著單一 DNA 鹼基發生變化，血紅素就不能發揮功效，並且會發展出一種稱為鐮刀型貧血症的血液疾病。

為了了解裂殖酵母菌細胞如何控制細胞週期，我研究了無法正確分裂的酵母菌株。如果我們能找到這些突變體，就能找出細胞週期所需的基因。我和實驗室同事開始尋找裂殖酵母菌的突變體，這些突變體無法進行細胞分裂，但仍然可以成長。這

些細胞在顯微鏡下很容易被發現，因為這些細胞一直在生長且從未分裂，因此異常地大。事實上，四十多年來，實驗室已經鑑定出五百多種巨大細胞的酵母株，結果這些菌株確實包含某些突變，使細胞週期中特定事件所需的基因失去效力。這表示至少有五百個基因參與細胞週期的過程，占裂殖酵母菌中五千個基因總數的一成左右。

　　這堪稱一大進步，因為酵母細胞顯然需要這些基因來完成細胞週期，但卻不一定能控制細胞週期。想想汽車的運作方式，煞車時必須動用到許多零件才能讓汽車停下來，像是車輪、車軸、底盤和引擎。當然這些都很重要，但駕駛並不是用這些零件來控制汽車的行駛速度。回到細胞週期這個話題，我們真正想要找到的是油門、變速箱和煞車，也就是控制細胞在細胞週期中進展速度的基因。

結果我完全是誤打誤撞發現了第一個控制細胞週期的基因。我清楚記得 1974 年的那一刻，當時我正在用顯微鏡辛苦尋找更多異常變大的突變酵母細胞菌落，這是一件非常無趣的事情，因為我所觀察到的每一萬個菌落中，大約只有一個真正有研究價值。而這通常需要一整個上午或下午來搜尋每個變體，有些日子根本一無所獲。然後，我注意到一個菌落，其中的細胞異常地小，我起初以為是汙染了培養皿的細菌，這是一種經常發生的挫敗事件，但在仔細觀察後，我發現這些細菌可能會是更有趣的東西。或許是酵母菌突變體，還來不及長大就迅速通過了細胞週期，因此分裂成較小的尺寸？

　　結果這種想法是正確的。突變細胞的基因的確發生變化，這個基因控制著細胞進行有絲分裂和分裂的速度，進而完成細胞週期，這正是我想要找到

的基因。這些細胞有點像加速器故障的汽車,加速器是讓汽車跑得更快,而在這個狀況中是讓細胞週期進展得更快。我稱這些小型菌株為 wee 突變體,因為是在愛丁堡被分離出來的,而 wee 在蘇格蘭語中表示「微小」的意思。我必須承認半個世紀過後,這個稱呼已經顯得不那麼有趣。

第一個 wee 突變體中改變的基因竟然與另一個更重要的基因一起發生作用,那是一個在細胞週期負責控制的核心。隨著事情進展,我也碰巧又找到了第二個很難找的控制基因。我已經努力了好幾個月,分離出不同種類的小細胞 wee 突變體,並辛苦收集了其中將近五十個,這比尋找異常大的細胞突變體更加辛苦,幾乎要花一星期時間才能找到一個。這項研究充滿挑戰,因為多數我辛苦找出來的菌株都沒有什麼研究價值,都只是和同一個基因略

為不同的突變，當時我將之稱為 wee1。

在一個潮濕的週五下午，我發現了另一個 wee 突變體。這次我的培養皿肯定被汙染了。我注意到培養皿和異常小的酵母細胞被入侵的真菌長捲鬚覆蓋。我當時很累並且知道要清除這種汙染性的真菌會是漫長而乏味的任務。總之，我認為這個新菌株可能又是包含同一個基因的另一種突變體，所以我就把整個培養皿扔進垃圾桶，回家喝我的茶。

那天晚上晚一點時，我對自己的所作所為感到內疚。如果這個突變體與其他五十個 wee 突變體不同怎麼辦？那天晚上的愛丁堡特別陰暗潮濕，但我還是騎上了腳踏車，爬上山坡回到實驗室裡。在接下來幾週的時間中，我成功將新的 wee 突變體從入侵的真菌中分離出來。令我欣喜的是，事實證明那

並不是 wee1 基因的另一個變異體。那是一個全新的基因，並且最後成為如何控制細胞週期的關鍵。

我將新基因命名為「細胞分裂週期為 2」，或簡稱為 *cdc2*。現在回頭看，真希望當時給這個細胞週期的大難題取了一個更優雅的名稱，或至少一個更令人難忘的名稱，尤其是因為你將在本書後面對 *cdc2* 有更多了解。

事後看來，不論是實作或思考，一切其實都相當簡單，運氣也很重要。我意外發現了第一個 wee 突變體，甚至都沒有刻意去尋找。然後我又恰巧從垃圾桶裡撿回失敗的實驗，讓我發現影響細胞週期控制的關鍵元素。簡單的實驗和思考可能會在科學中得到令人意想不到的啟發，尤其加上大量的努力和希望，當然還有偶然出現的幸運時刻。

我所做的多數實驗都是在我年輕時完成的，當時我剛成家，在梅鐸‧米奇森（Murdoch Mitchison）教授位於愛丁堡的實驗室裡工作。他提供我進行實驗所需的空間和設備，並對我所做的研究工作提供了無數建議和評論。儘管他對我付出這麼多，卻不允許我在任何論文中將他列為共同作者，因為他認為自己的貢獻並沒有那麼多，當然這並非事實。我在研究科學的過程中一直感受到像這樣的寬宏與慷慨，但這種美德卻沒有得到應有的重視。梅鐸教授是一位有趣的人，如我所說的他非常慷慨，但有點害羞，而且完全將時間精力耗費在研究中。他幾乎不在乎其他人對他做的事情是否感興趣，而是依照自己的節奏前進。如果梅鐸教授還在世的話，他可能不會同意我在這裡讚賞他，但是我真的想要表揚他，因為他讓我知道為什麼最好的研究非常個人，但又絕對能與人共享。

沒有基因就不可能會有生命，每個新世代的細胞和生物都必須繼承遺傳指令，使其生長、發揮功能和繁殖。這表示要使生物長存的話，基因必須能夠非常精確仔細地自我複製，唯有如此 DNA 序列才能透過多個細胞分裂而保持恆定，所以基因可以承受時間的考驗。細胞以令人佩服的精確度實現了這一目標，我們可以在身邊看到這所有結果。控制細胞的兩萬兩千個基因中，絕大多數的 DNA 序列與現今地球上所有人的 DNA 序列幾乎完全相同，也和我們數萬年前在史前時代進行狩獵、採集並在營火旁說故事的祖先沒有很大區別。總之，使你我的先天特徵與我倆與史前祖先有所區別的突變，總計只占 DNA 編碼總量的一小部分（不到百分之一）。這是二十一世紀遺傳學的重大發現之一，三十億個 DNA 字母長的基因組不但非常相似，而且跨越性別、種族、宗教和社會階層，這是一個應該

獲得全世界各個社會讚賞，重大且平等的事實。

但是我們不能無視我們所有人基因中攜帶的那些零散變異，雖然在整體上只占少數，但對我們個人的生理和生命史有很大的影響。我與女兒和孫子都共同擁有一些變異，這也是我們一家人之所以有些相像之處的原因。其他基因變異對我們每個人來說都是獨特的，也讓我們每個人都成為不同的個體，這些變異會影響我們的外表、健康和思維方式，有時候影響的方式不明顯，有時候則非常顯著。

遺傳是我們生命的核心，形塑了我們對世界的認同感和觀點。在我年紀稍長之後，對於自己的身世有了驚人的發現。我在一個工人階級家庭中長大，父親在工廠工作，母親是清潔工。我的兄弟姐

妹都在十五歲就離開了學校，所以我是唯一一個留在學校後來又上大學的人。我的童年過得很快樂也獲得很大支持，唯一的缺點就是有點古板守舊。我的父母比我朋友父母年紀大很多，我常打趣說我就像是被祖父母養大的。

多年後我為了能在美國居住並擔任紐約洛克斐勒大學校長而申請綠卡，但我的申請竟然被拒絕了。美國國土安全部表示，這是因為我這輩子都一直在使用的出生證明上竟然未列出父母的姓名。我氣急敗壞，寫信去申請完整的出生證明，而當我打開裝有新身分證明的信封時感到無比震驚，上面顯示我的父母原來不是我真正的父母，他們其實是我的祖父母，而我的生母是我一直以來以為是姊姊的人。原來我的生母在十七歲時就懷孕了，由於當時未婚生子被認為是一件丟臉的事情，所以她被送

往我出生地諾里奇的姑媽家。當我們回到倫敦時，我的祖母想保護她的女兒，所以就假裝是我的母親並把我撫養長大。發現這件事情背後最大的諷刺就是，儘管我身為遺傳學家，但卻不知道自己的身世。事實上，因為所有可能知情的人都已經去世了，我還是不知道自己生父是誰，在我的出生證明上的父親欄位就只有一個破折號。

所有個體出生時都具有相對少量的新遺傳變異，這些變異往往是隨機產生的，那是親生父母都沒有的變異。這些遺傳而來的差異性不僅造成個體生物的獨特性，也能解釋為什麼生物物種在這麼長時間以來並非一成不變。生命在改變世界和世界因其改變的過程中不斷嘗試、創新和調整。為了讓改變成真，基因必須保持不變以保存訊息，同時又必須有改變的能力，基本上就是如此。接下來我們將

了解為什麼會有這樣的現象，生命又如何會有這樣

繁複的多樣性。

我們要談的就是天擇。

3

天擇下的演化

機會與必要性

這個世界充滿了各種多樣的生命型態。本書一開始提到的黃色蝴蝶是一種黃粉蝶，黃粉蝶是春天的信使，有著精緻的黃色翅膀，這隻美麗的蝴蝶是一種昆蟲，昆蟲也擁有各式各樣的群體。

我喜歡昆蟲，尤其是甲蟲，那是我青少年時期的嗜好。甲蟲的種類多得驚人，有些科學家認為全世界有超過一百萬種不同的甲蟲。我從小在英格蘭長大，對各種甲蟲感到驚奇，像是在石頭下方奔走的裝甲甲蟲、在夜間發光的甲蟲、在花園裡吃著蚜蟲的紅黑瓢蟲、在池塘裡游著的強壯水甲蟲和麵粉袋裡的象鼻蟲。甲蟲給我們帶來了豐富的多樣性，是所有生物多樣性的縮影。

不同型態的生命有時候會令人深感震撼。我們

和無數的動物分享這個世界，像是鳥、魚、昆蟲、植物、真菌和種類更多的微生物，每一種生物似乎都很適應自己獨特的生活型態和環境，難怪千年來多數人都認為，這所有的多樣性一定是出自某位神聖的造物主。大多數文化中都有關於開天闢地的神話。《創世紀》中提到的猶太基督神話就確切提到生命是在幾天內被創造出來的。這種物種是由造物者所造的普遍想法，讓二十世紀的遺傳學家約翰・伯頓・桑德森・霍爾丹（J. B. S. Haldane）面對甲蟲龐大的多樣性時不禁打趣說：不管上帝是誰，「對甲蟲的愛都有點過頭了」。

在十八、十九世紀期間，思想家開始將生物精緻的機制和在工業革命時期設計建造出來的複雜機器相比。這些比較通常都更強化了宗教信仰，認為這樣精緻的生命機制，怎麼可能沒有一個極為聰明

的設計師涉入其中。

1802年，一位名為威廉・佩利（William Paley）的牧師將這樣的推論打了一個生動的比方。他說你要是走在路上發現一支手錶，打開手錶後檢查其明顯用來看時間的複雜機械裝置後，你一定也會認為那支手錶是由一名聰明的製造者所製作。根據佩利所言，精緻的生命機制也適用同一個邏輯。

我們現在知道負有使命的複雜生命型態並不是出自任何人的設計，而是天擇的結果。

天擇這個極具創意的過程，使人類和我們周遭充滿多樣性的生物得以誕生，包括數百萬種不同的微生物、鍬形蟲駭人的下顎、獅鬃水母三十公尺長的觸手、肉食性豬籠草充滿黏液的陷阱，和猿類與

人類具有的可相對拇指。在沒有悖離科學定律或召
喚超自然現象的情況下，透過天擇所形成的演化已
經產生了愈來愈複雜和多樣化的生物族群。經過漫
長的時間，不同物種漸漸冒出頭來，探索新的可能
性，也和不同環境的其他生物互動，使這些生物的
形體產生我們無法辨識的變化。所有物種，包括人
類自己，都處在一個永久變化的狀態，最終會絕種
或是發展出新的物種。

對我而言，生命的故事和任何神創論的神話一
樣充滿驚奇。雖然多數宗教故事所呈現的都是我們
熟悉的神創故事（某種程度上有點乏味）和我們容
易理解的時間區段，但天擇演化論逼迫我們去想像
一個更加挑戰自己舒適圈，但也更加宏偉的世界。
這是一個毫無方向的遞增過程，但當這個論點被置
入寬廣無邊的時間洪流，也就是有時被科學家們稱

為「深層時間」中時，就成為極為偉大的創造力。

　　達爾文是演化論的重要人物，身為十九世紀博物學家的他曾經乘著英國皇家海軍船艦「小獵犬號」周遊世界，蒐集各種動植物和化石的標本。當時的他急切地統整支持演化論的概念，並得出「演化論」這樣一個傑出的機制來解釋人類的演化。他將這觀念都寫在他 1859 年出版的《物種起源》一書中。在生物學所有大概念中，這或許是最為人所知的概念，但卻不一定最為人所理解。

　　達爾文不是第一個提出生命會隨著時間演化的人。就如同他在《物種起源》一書中提到的，亞里斯多德曾主張說動物的身體部位可能會在經過長時間後出現或消失。十八世紀晚期的法國科學家尚-貝提絲・拉馬克（Jean-Baptiste Lamarck）更進一步

闡釋這個概念，他認為不同的物種之間都互有關聯，他主張物種會透過適應的過程逐漸改變，生物的型態會因應環境的變遷和習慣的改變而有所變化。其中有個知名的例子是長頸鹿，他認為長頸鹿的脖子之所以會那麼長，是因為每一代的長頸鹿都努力把脖子拉長，以便構到樹上高處的樹葉，而這種努力的結果不知怎麼地就被傳到下一代，讓下一代長頸鹿的脖子變得稍微長一點。拉馬克的想法在今日沒有受到足夠重視，因為他並沒有正確說明關於演化的過程細節，但他應該獲得更大的讚賞才對，因為他針對演化現象提出了一個綜觀的說明，雖然他並未闡明發生演化的原因。

拉馬克當然不是唯一一個曾經思考演化觀點的人，就連達爾文自己的家人，他的祖父伊拉斯謨斯・達爾文（Erasmus Darwin）早期都曾經是演

化論的熱情支持者。他在馬車刻上一段座右銘 E conchis omnia，意思是「一切都來自貝殼」，宣示著他的信念，他認為所有生命都源自於體形更小的祖先，像是貝殼內沒有形體的一團軟體動物。然而，在利奇菲爾德大教堂的主任牧師指控他「拋棄了他的造物主」時，他只好將之移除。伊拉斯謨斯屈服了，因為他也是一名成功的醫生，他明白自己要是不那麼做，可能會失去他更受敬重也因此更加富有的病人們。他也是一名詩人，曾經在詩作《大自然的聖殿》（*The Temple of Nature*）中闡述了他對演化的觀點。

起初的型態很微小，不被球型玻璃所見

走過泥土，穿越水

下一代相繼茁壯

獲得新力量，獲得更大肢體

從此無數的植物湧現

誕生了鰭、腳和翅膀

　　他雖然不是一位享有盛譽的詩人（或許看得出來），但他卻是受人敬重的科學家，可惜他在詩中所預測的觀念要由他更有名的孫子來闡明。

　　達爾文的演化論方法更加科學化和系統化，他的交流方式更傳統，他不寫詩，只是詳實記錄他的研究。他從化石紀錄以及他對國內外動植物的研究中收集了大量的觀測數據。他將所有資料加以統整，提供了有力證據證明拉馬克、他的祖父和其他人分享的觀點是正確的，也就是生物確實在演化。但達爾文所做的遠遠不止於此，他提出天擇作為演化的機制，他串起了所有的資料，並向世界展示演化實際上是如何運作的。

天擇的概念是基於生物之間展現的差異性，當這些變異是因為遺傳而產生變化時，就會代代相傳。有些變異會產生某些特徵，讓某些個體能更成功地製造下一代。這種強化的生殖能力意味著擁有這些變異的世代將製造更多數量的後代。在長頸鹿的長脖子例子中，我們可以推斷變異的隨機出現或累積稍微改變了脖子的骨骼，可以讓長頸鹿的祖先們搆到稍微高一點的樹枝，吃到更多葉子並獲得更多營養。最終，那些能夠做到的長頸鹿就證明自己更有韌性，也更能繁殖下一代，因此那些脖子較長的長頸鹿就逐漸稱霸了非洲大草原。這個過程就稱為天擇。因為在各種不同的自然因素限制下，會讓有些個體比其他個體更為優秀，因此也能繁殖更多後代，這些因素像是食物或伴侶的競爭，或是疾病和寄生蟲的存在與否等等。

博物學家和收藏家阿爾弗雷德・羅素・華萊士（Alfred Wallace）也曾單獨提出相同的機制，不過比較不為人所知的是，這兩個人對於天擇的推論都是來自十九世紀初一名蘇格蘭農場主人兼地主的派崔克・馬修（Patrick Matthew）。他在 1831 年寫了一本關於海軍木材的書，然而能用這麼令人折服、容易理解和引人入勝的方式來呈現整個概念的，達爾文是第一人。其實人類數千年來一直在使用同一個程序，用其來孕育具有某種特性的生物，稱為「人擇」，而達爾文其實是藉由觀察鴿子迷如何選擇特定鴿子育種，以便繁殖各種鴿子來發展出他的天擇概念。人擇可以產生非常厲害的成果，這也是我們能將野生灰狼轉變成人類最好朋友的方式，人擇育種的狗從迷你吉娃娃到高大的大丹狗無所不包，這也是野生的芥菜能夠孕育出青花椰菜、高麗菜、白花椰菜、羽衣甘藍、球莖甘藍的方式。這些

改變都在短短幾代之間就發生了，讓我們得以體會經過數百萬年的天擇時，物種的演化過程會產生多麼大的力量。

順帶一提，「物競天擇」、「適者生存，不適者淘汰」這些話其實不是達爾文本人說的，但透過這個過程，某些特定的遺傳變化會在物種中累積，最終造成永久的改變，改變了物種的外型和功能。這就是有些甲蟲之所以發展出紅色斑點的翅鞘、有些學會游泳、有些學會滾糞球、有些會在黑暗中發光的原因。

天擇是一門很深的學問，重要性超越生物學，在數個其他領域中也都能獲得實證和執行，尤其是在經濟學和電腦科學這兩方面。比方說今日的某些軟體和飛機等機械的工程元件就是透過演算法將其

優化，而這個演算法就類似於天擇。這些產品是透過演化獲得成長，而不是透過傳統的設計手法。

生物必須具有三個關鍵特徵，才能透過天擇產生演化。

首先，這些生物必須能夠繁殖。

接著，這些生物必須有遺傳系統，讓決定某些特徵的訊息得以透過生殖被複製和傳承。

最後，遺傳系統必須具有變化性，而這種變化性必須在生殖過程中被傳承，天擇就是基於這種變化性發揮作用的，將緩慢而隨機產生的變異轉化為無限且不斷變化的生命形式，而這些生命就在我們周遭不斷成長茁壯。

除此之外，這個機制要能有效運作的話，生物就必須死亡，那樣下一個可能具有基因變異，因此擁有競爭優勢的新世代才能取代舊有的生物。

　　這三個必要的特徵直接來自細胞和基因的觀念。所有細胞都會在細胞週期繁殖，所有細胞都有基因組成的遺傳系統，染色體上的基因透過有絲分裂和細胞分裂被複製和傳承。變異是由於偶然的突變出現的，那樣的突變改變了 DNA 序列，就像那個導致我發現 *cdc2* 基因的突變，這不是由複製雙螺旋過程中發生的罕見錯誤造成，就是由於對 DNA 的環境破壞所造成。細胞可以修復這些突變，但並不會完全成功。如果完全成功的話，一個物種的所有個體都將會是相同的，而演化將會停止。這表示錯誤率會影響天擇。如果錯誤率太高，則基因組儲存的訊息將變少並變得毫無意義；如果

錯誤太少，則發生演化的可能性就會降低。從長遠來看，最成功的物種將會是那些能夠在恆定性和變化之間保持適當平衡的物種。

在複雜的真核生物中，有性繁殖的過程會出現更多的變異，部分染色體會在產生性細胞的細胞分裂過程中被重組，性細胞也稱為生殖細胞，包括動物的精子和卵子以及開花植物的花粉和胚珠都是生殖細胞，透過稱為減數分裂的過程形成。這是兄弟姐妹在遺傳上彼此不同的主要原因，如果父母的基因像一副紙牌，那每個兄弟姊妹都會被發到不同的一手牌。

許多其他生物透過在不同個體之間直接交換DNA 序列來造成變異，這在細菌等較不複雜的生物中很常見，這些生物可以相互交換基因，也可以

與更複雜的生物交換基因，這個過程稱為水平基因轉移，是使某些細菌產生抗生素抗性的基因可以在細菌、甚至是不相關的物種中擴散如此快的原因之一。水平基因轉移還使得在演化時期追溯某些世系變得更加困難，因為那表示基因的遺傳可以從一個族譜的分支，流向另一個族譜的分支。

無論遺傳變異的來源為何，要造成演化都必須在隨後的繁殖過程中持續產生這些變異，並產生出在各方面都有所不同的生物族群，這些變異包括抵抗疾病的能力、對伴侶的吸引力、飢餓的耐受力等些微差異和許多不同的各種特徵，然後天擇才能從這些有害的差異中篩選出有用的變異。

透過天擇所產生的演化有一大重點，就是所有生命都是血脈相連的。這表示當我們追溯生命之樹

的起源時，分支會逐漸匯聚成更大的分支，最終匯聚成單個樹幹。因此可以得出一個結論，人類與地球上的所有生命型態都息息相關。比方說我們和猿類的關係就很密切，因為我們的關係就如同是樹梢上兩支相鄰的樹枝那麼近，但我們和我研究的酵母關係就要遠得多，因為我們兩者只是在非常遠古的時期有所關連，相連的地方是更接近生命之樹的主幹處。

當我徒步穿越潮濕而蒼翠的烏干達雨林，尋找山裡的大猩猩時，我的心中深刻感受到人類與其他生命的連結。我跟著嚮導走，突然之間我們遇到了一個大猩猩家庭。我就坐在一頭宏偉的銀背大猩猩對面，他正蹲在一棵樹下，距離我只有兩三公尺遠。我滿身大汗，但那不只是因為天氣又熱又潮濕。身為一名遺傳學家，我知道這隻大猩猩和我擁

有96%的共同基因，但單單這個數字只是其中一部分。當我盯著那雙聰慧和深邃的棕色眼睛時，我看到了許多和人類相同的部分。那些猿類彼此之間的相處非常融洽，和我們人類的相處也是。大猩猩的許多行為都不可避免地與我們非常類似，很明顯能看出大猩猩也具有同理心與好奇心。我和銀背大猩猩互相凝視了幾分鐘，就像在談天一般。然後那隻猩猩伸出一隻手，遞給我一根直徑五公分的小樹枝（牠是想告訴我些什麼嗎？），然後慢慢爬上樹，這期間那隻猩猩始終用透徹的目光凝視著我。這場戲劇性而動人的相遇讓我更加深刻感受到，我們與這些美麗的生物之間的關係有多緊密。這種緊密性不僅只限於和大猩猩之間，更擴展到其他猿類、哺乳動物和其他動物身上，甚至透過生命之樹更古老的分支，這種關係也延伸到植物和微生物上。對我來說，這就是人類為什麼要關心整個生物界的最佳

論點。所有共享這個地球的不同生命形式，都和我們有所關連。

當我決定去探求裂殖酵母菌和人類細胞是否以相同方式控制細胞週期時，我意外地察覺到我們和其他生物的深刻關係。我在 1980 年代提出這個疑問，當時我在倫敦的一個癌症研究機構工作，由於癌症是由人類細胞異常的細胞分裂造成，可想而知，實驗室裡的大多數同事都對了解控制人類細胞週期的因素比控制酵母細胞的因素更加感興趣。那時候我已經知道是什麼控制了酵母細胞的分裂，那是 *cdc2* 的細胞週期控制機制，*cdc2* 這個關鍵基因雖然名字很平凡，卻是問題的核心。

我當時在想控制人類細胞分裂的因子是否也是像 *cdc2* 這樣的基因？感覺不太可能，畢竟酵母菌

和人類如此不同，也最不可能在十二億到十五億年前有共同的祖先。在這樣廣闊的時間洪流中，恐龍滅絕的時間「僅僅」只是六百五十萬年前，而第一批簡單的動物大約是在五億到六億年前出現。老實說，要相信年代距離這麼遠的遠親，其細胞生殖是由同樣的方式控制是件荒謬至極的事，然而我們還是必須去找出答案。

我實驗室裡的梅蘭妮・李（Melanie Lee）的做法是試著找到一個和 *cdc2* 基因在裂殖酵母菌上發揮相同功能的人類基因。為了這麼做，她拿了缺乏 *cdc2* 基因，因此無法分裂的裂殖酵母菌細胞，然後在上面「撒上」由數千個人類 DNA 組成的基因庫，每個 DNA 都含有一個人類基因。梅蘭妮設定條件，讓突變的酵母菌細胞通常只能有一到兩個基因，「假設」剛好有其中一個基因就是人類版本的

cdc2 基因，而且在人類和酵母菌細胞中都「假設」擁有相同功能，加上「假設」人類的 *cdc2* 基因可以進入酵母細胞，那麼 *cdc2* 突變細胞或許就能恢復分裂的能力。「假設」一切順利，梅蘭妮就可以在培養皿上看到菌落。你可能已經注意到這個計畫用了很多「假設」。我們認為實驗會成功嗎？可能不會，但是值得一試。而且神奇的是，這個實驗真的成功了。菌落在培養皿上生長，我們能夠分離出成功代替 *cdc2* 基因的人類 DNA 片段，*cdc2* 基因對酵母菌細胞分裂十分重要。我們對這個未知的基因進行了定序，發現這個基因製造的蛋白質序列與酵母菌 *cdc2* 的蛋白質非常相似。顯然我們眼前的是兩個高度相似的基因，相似到人類的基因甚至可以控制酵母菌細胞的週期。

這個出乎意料的結果使我們得出了重大結論：

裂殖酵母菌和人類在演化的時程上相距如此遙遠，但兩者的關係竟然這麼相近，那麼可以推斷很可能地球上所有動植物和真菌的細胞都是以相同的方式控制細胞週期。幾乎可以肯定都是依賴與酵母菌的 *cdc2* 基因非常相似的基因來作用，而且即使這些不同的生物在漫長的演化過程中逐漸發展出無數種不同的形態和生活方式，控制這個最基本過程的核心因子也幾乎沒有改變。*cdc2* 是持續了數十億年、歷久不衰的基因。

這一切讓我更加相信，了解人類細胞如何控制自我分裂可以廣泛應用到各種生物上，包括簡單的酵母菌，因為這能讓我們好好了解人類身體如何隨著成長、茁壯、罹病以及衰退產生變化。

天擇不僅在演化過程中發生，我們體內的細胞

也會進行天擇。當對控制細胞成長和分裂很重要的基因受傷或被重組時就會產生癌症,讓細胞不受控地分裂。就像在生物當中的演化,這些癌前或癌症細胞要是逃過身體的防禦機制,就會逐漸超越組成組織的原有細胞數。當受到損壞的細胞數量增加,在這些細胞內就會產生更多基因變化,造成更多基因的損壞並產生愈來愈具侵略性的癌細胞。

這個系統有依賴天擇演化所需要的三個特徵:繁殖、遺傳系統和遺傳系統展現變異性的能力。非常矛盾的是,一開始能讓人類生命演化的環境也是造成致命疾病的原因。更實際說來,這也表示人口與演化生物學家應該能讓我們在了解癌症這方面做出更多貢獻。

由天擇產生的演化能帶來極大的複雜性和生物

的目標性，這一切的背後都沒有人在掌控，也沒有明確的目標或是最終的推動力。這和威廉・佩利與他前後的人所闡述的鐘錶匠論述（又稱懷錶理論）所影射造物主存在的論點完全背道而馳。而這讓我不斷想探究其中奧祕。

學習演化論也對我的生活產生了巨大的影響。我的祖母是浸信會教徒，所以我們以前每個星期天都會去當地的浸信會教會。我非常嫻熟《聖經》的內容（現在仍是），曾經想成為牧師甚至是傳教士。然後大約在我在花園裡看到黃粉蝶那時候，我在學校學到了天擇演化論。這種關於生命豐富多樣性的科學解釋顯然與《聖經》的說法正面衝突，為了釐清這種差異，我去和我的浸信會牧師談話。我暗示他說或許當上帝談到《創世記》裡關於神創世界的記載時，是用了讓兩、三千年前沒受過教育的

一般大眾能了解的方式來解釋發生的事情，或許我們應該將其視為一種神話故事，但其實上帝透過創造天擇演化，設計了一種更棒的機制來開天闢地。可惜我的牧師完全不這麼覺得。他告訴我必須相信《創世紀》文字上的意思，並說他會為我禱告。

因此我逐漸從宗教信仰者轉向無神論者，或更確切地說是內心充滿懷疑的不可知論者。我看到不同的宗教可能有截然不同的信仰，同時這些不同的信條可能互相矛盾。科學讓我以更理性的方式認識這個世界。那讓我更加確定，甚至更加穩定，也提供我追求真相更好的方法，那正是科學的最終目標。

天擇演化論描述了不同的生命型態是如何產生和達到目的，一切都是機緣巧合，並朝著製造愈來

愈有效力的生物型態邁進，這個理論並沒有提出太多關於生物如何運作的見解，因此接下來我們就要闡述以下兩個觀念，第一個是由化學結構組成的生命。

4

由化學組成的生命

來自混沌的秩序

大多數的人可能會環顧周遭的世界並將其分為兩種主要類型：有生命的物體和沒有生命的物體。有生命的生物特別出眾，因為這些生物可以展現行動。其舉止有其意義，能對周圍的環境做出反應並自我複製。沒有生命的物體則完全沒有這些特性，例如鵝卵石、山脈或沙灘。的確，如果我們倒退回幾百年前，當時本書中所談的觀念都尚未發展出來，我們可能也會覺得地球上的生物是由有生命的物體所特有的神祕力量控制。

這種想法被稱為「生機論」（vitalism），其起源可追溯到古典思想家亞里斯多德和蓋倫，甚至可能更久遠之前。即使是我們當中最理性、最講究科學的人也很難完全摒棄這種思維。如果你曾經見過某人死亡，你會知道那彷彿是某種生命火花突然熄滅的感覺。

生機論的解釋很吸引人，因為這種解釋似乎能提供給我們焦躁的內心一種令人安心的答案，但其實我們現在可以很確定地說，我們並不需要援用任何形式的奇蹟，生命的大多數面向都能透過物理學和化學來好好理解，儘管化學是一門高度有秩序和組織的學問，且其複雜程度是所有無生命程序所無法比擬的。對我來說，這種解釋比起說生命是由科學無法檢視的神祕力量所造成更加令人讚嘆。

　　生命是由化學組成的，這個觀念竟然是起源於發酵的研究。發酵是簡單的微生物酵母菌在啤酒和葡萄生產過程中製造酒精的過程，這是人類長期以來的興趣。

　　事實上，我的生活受到發酵的影響很大，而那不僅僅是因為我自己喜歡喝啤酒。傍晚獨自一人坐

在空蕩蕩的酒吧裡思考世界萬物真是一種享受。當我十七歲離開學校時，我知道自己想學習生物學，但我沒能獲得大學的入學許可。當時透過稱為初級考試（O-level）獲得的基本外語資格是所有大學的強制入學要求，但我竟然考了六次法文都不及格，這可能是初級考試的世界紀錄了。所以我沒有上大學，而是去了與啤酒廠相關的微生物實驗室當技術員。

我每天的工作之一，便是製作科學家們培養微生物所需的所有營養混合物。我很快發現到他們每天幾乎總是下相同的訂單，所以我會在星期一先做出夠整個星期用的一大批。我去見了我的老闆維克・奈維特（Vic Knivett）。對了，他在閒暇時是一位喬治亞舞的舞者，某個晚上我發現他在實驗室長凳上跳著哥薩克式充滿活力的踢腿舞時發現這件

事。他大方建議我進行一項有關雞蛋沙門氏桿菌感染的研究計畫。當時十八歲的我快樂得像在天堂，每天都做實驗，假裝自己是一名真正的科學家。

在啤酒廠工作那年的某個時候，伯明罕大學一名好心的教授打電話給我面試，並最終說服大學忽略我在外語能力方面的弱點，讓我能在 1967 年開始攻讀生物學。諷刺的是，我年輕時學法文學得很吃力，但在三十五年後，我因對酵母菌的研究而被法國總統授予榮譽勳章，甚至得用法語發表受獎感言。儘管我一生都在研究酵母菌，卻從未自己釀造過葡萄酒或啤酒。

關於發酵的科學研究始於十八世紀的法國貴族科學家安東萬・拉瓦節（Antoine Lavoisier），他是奠定現代化學的其中一人。對他和整個科學界

來說都很不幸的是，他兼職當收稅員的工作讓他在1794 年 5 月法國大革命時期腦袋不保。在不公不義的審判下，法官宣稱「共和國不需要學者和化學家。」我們科學家在應付政治家時顯然得小心點。不幸的是，政治家們，尤其是那種喜好民粹主義的政治家，往往都會無視專家所說的話，尤其是當那些專業知識和他們缺乏根據的觀點相違背時。

在英年早逝前，拉瓦節一直著迷於發酵的過程。他得出結論：「發酵是一種化學反應，在這個反應中，葡萄汁的糖被轉化為釀造酒中的酒精。」以前沒有人那麼想過。然後，拉瓦節進一步提出一種稱為「酵母」的東西，酵母似乎來自葡萄本身，並在化學反應中扮演重要角色，但他說不出「酵母」是什麼東西。

這個情況直到半個世紀後才變得明朗，當時工業酒精的製造商要求法國生物學家和化學家路易‧巴斯德（Louis Pasteur）協助他們解決一個產品不斷遭到破壞的問題。他們想知道為什麼甜菜根漿的發酵有時會出錯，沒有產出酒精，而是產生出一種帶有酸味和令人厭惡的酸性物質。巴斯德發揮他的偵探技能進行解謎，他透過顯微鏡的觀察獲得了關鍵線索。產生酒精的發酵桶中的沉澱物包含了酵母細胞，酵母顯然還活著，因為其中一些酵母有芽體，表示酵母正活躍地繁殖中。當他看著變酸的發酵桶時，他看不到任何酵母細胞。從這些簡單的觀察中，巴斯德認為微生物型態的酵母菌是難以捉摸的酵母，也是負責製造酒精的關鍵物質。其他可能是較小的細菌等微生物產生了酸性物質，讓發酵失敗。

這裡的重點是，活細胞的生長直接導致了特定的化學反應。在這個案例中，酵母細胞將葡萄糖轉化為酒精。巴斯德成就的大事是將這個理論從特定情況擴展到一般情況，以得出重要的新結論。他認為化學反應不只是細胞生命的有趣特徵，而且是定義生命的特徵之一。巴斯德對此下了精采的總結，他說：「化學反應是細胞生命自我表達的方式。」

　　我們現在知道，在所有生物的細胞中，都同時有數百甚至數千個化學反應進行著，這些反應建立了生命的分子、形成細胞的成分和結構，還會分解分子、回收細胞的成分並釋放能量。發生在生物體內，一連串的化學反應就稱為新陳代謝，所有生物都是以此為基礎運作，透過新陳代謝維持現狀、成長，發展組織和繁殖，新陳代謝也是啟動這些過程的所有能量來源。新陳代謝是生命的化學作用。

但是構成新陳代謝的眾多化學反應是如何產生的呢？在巴斯德的酵母中進行發酵的化學反應是哪種物質？另一位法國化學家馬塞蘭‧貝特洛（Marcelin Berthelot）深入探討這個問題並取得了新的進展。他把酵母細胞打碎並從細胞殘渣中提取出一種化學物質，這種化學物質的表現很有意思，會啟動一種特定的化學反應，將蔗糖轉化為葡萄糖和果糖這兩種較小的糖分。但在這個反應中，這種物質並沒有受到損耗。那是一種無生命的物質，但卻是生命過程中必須有的物質，尤其是當這個物質從細胞中被移出時，仍然可以繼續工作，馬塞蘭就將這種新物質稱為轉化酶。

轉化酶是一種酶，而酶是一種催化劑，通常會急遽地促進並加速化學反應。酶對生命來說非常重要。沒有了酶，許多對生命來說很重要的化學過程

根本不會發生，尤其是在大多數細胞內相對較低的溫度和溫和的條件下。發現酶這種物質讓今日所有的生物學家擁有一項共識，就是多數生命的現象都可以通過酶催化的化學反應獲得最好的理解。要了解酶是如何完成這些任務，我們得先了解酶是什麼以及如何產生酶。

　　大多數的酶是由蛋白質製成的，蛋白質是由細胞中稱為聚合物的長鏈狀分子構成。聚合物的結構對於生命化學的各個方面都極為重要。和多數酶與其他蛋白質一樣，所有構成細胞膜的脂質分子、所有儲存能量的脂肪和碳水化合物、負責遺傳的核酸，包括去氧核糖核酸（DNA）以及與之密切相關的核糖核酸（RNA）都是聚合物。

　　這些聚合物主要只由五個化學元素的原子構

成：碳、氫、氧、氮和磷。而在這五個元素中，碳的角色尤其重要，主要是因為碳比其他元素具有更多的用途，比方說氫原子只能與其他原子以一個化學鍵互相連結，但每個碳原子可以與四個其他原子連結。這是碳得以製造聚合物的能力關鍵。碳的四個化學鍵中可能有兩個可以與另外兩個原子（通常是其他碳原子）相連，從而形成一個相連的原子鏈，也就是每個聚合物的核心。這能使每個碳原子都具有兩個可用於與其他原子連接的鍵，然後這些額外的化學鍵可用來將其他分子增加到聚合物主鏈旁邊。

細胞中發現的許多聚合物都是非常大的分子，大到被取了特殊的名稱：巨分子。要了解這些分子到底有多大，可以想想你的染色體核心的 DNA 巨分子可以有數公分長，這表示其將數百萬個碳原子

納入了一個極為細長的分子鏈中。

　　蛋白質聚合物不算太長，通常只有數百到數千個連接的碳原子長，但其在化學作用上比 DNA 具有更高的變化性，所以才能當作酶並因此在新陳代謝中扮演重要角色。每種蛋白質都是一種碳基聚合物，是透過將較小的胺基酸分子一一連成一條長鏈而構成的，像轉化酶就是一種蛋白質分子，是透過將 512 個胺基酸以特定和有秩序的序列連接在一起而組成。

　　生命使用 20 種不同的胺基酸，每個胺基酸都有側鏈，這些側鏈是從聚合物主鏈上分支出來，並被賦予獨特的化學特性。例如有些胺基酸帶正電荷，有些帶負電荷；有些胺基酸具親水性，有些具疏水性；有些很容易與其他分子以化學鍵互相連

結。細胞透過將胺基酸的不同組合串連在一起，再加上每個胺基酸的側鏈，就能產生各種不同的蛋白質聚合物分子。

一旦這些線性蛋白質聚合物鏈組裝完畢，就會折疊、扭曲和結合在一起，形成複雜的立體結構，這有點像一條不斷自我纏繞的膠帶，最後糾纏成一顆球。雖然說蛋白質折疊的方式比較像是一種重複的過程，最後會產生非常明確的結構。在細胞中，相同的胺基酸鏈永遠都會想要形成相同的特定形狀。從線性躍升到立體結構的過程非常關鍵，因為那表示每種蛋白質都具有獨特的外型和獨特的化學特性。結果，細胞能以使其與之作用的化學物質非常精確地結合在一起的方式，建構出酶這種物質，比方說部分轉化酶和蔗糖分子就是完美的組合，因此酶就能提供造成特定化學反應時所需的精確化學

條件。

　　酶負責執行構成細胞代謝基礎的幾乎所有化學反應，但除了建立和分解其他分子之外，酶還扮演許多角色。酶本身也是品質控管者，在細胞的不同區域之間傳遞成分和訊息，並且將其他分子運送出入細胞。其他功能還包括要注意入侵者，啟動蛋白質來防禦細胞並保護身體遠離疾病。酶不是唯一的蛋白質，我們身體從頭髮、胃中的酸到眼睛中的晶體，幾乎都是由蛋白質製成或組成，這些不同的蛋白質經過幾千年演化的磨練，已經能滿足細胞內的特定功能。即使是相對簡單的細胞也包含大量的蛋白質分子，在一個小酵母細胞中就有四千萬個蛋白質分子。在這樣一個小細胞中的蛋白質數量是北京這樣龐大城市中人口數的兩倍。

這些蛋白質的多樣性會造成每個細胞內隨時都在發生化學反應。如果你的眼睛可以看見分子世界，想像一下看進一個活細胞內部，你的感官將受到瘋狂擾動的化學活動刺激。有些參與其中的分子帶電，使其具有黏性或互相排斥，而有些分子則是中性的。有些是酸性物質或類似漂白劑的鹼性物質，這些不同的物質都在不停相互作用，不是隨機就是特意安排的碰撞。有時分子會透過電子或質子的快速交換短暫聚集並發生化學反應，有時候會透過緊密而持久的化學鍵連接。細胞總共包含數千種不同的化學反應，透過這些反應的持續作用就能維持生命。這些化學反應的數量，即使是最大的工業工廠都相形見拙，比方說一家塑膠工廠可能只有數十種化學反應。

　　這些瘋狂而快速的活動都是從遠古之前開啟，

而這些系統也是經過了長遠的時間才能演化，但細胞世界驚人的時間規模就和演化所需的時間一樣令人費解。細胞中有些控制這些反應的酶以驚人的速度運作，每秒可以產生數千種甚至數百萬種化學反應。這些酶不僅速度快也非常精確，能以化學工程師夢寐以求的精確度和可靠性來操縱單一原子，但演化則用了數十億年改善這些過程，比人類出現的時間長得多。

讓這一切共同運作是一項了不起的成就。在細胞內同時發生的一連串化學反應看似混亂，實際上卻是非常有秩序的。為了使這些作用正常運作，每個不同的反應都需要特定的化學條件，有些需要更多的酸性或鹼性環境，有些需要像是鈣、鎂、鐵或鉀等特定的化學離子，有些需要水，但有些反而會因為水的存在而變慢。

無論如何，所有不同的化學作用都必須在狹窄的細胞內同步密切進行，而這是因為不同的酶並不需要不同的極端溫度、壓力或酸鹼條件才可行，像在工業化學設施中就需要。如果不同的酶需要同樣的溫度、壓力或酸鹼條件才能運作，就不可能如此緊密共存了。但這些新陳代謝反應有許多仍須彼此獨立，不能互相干擾，也必須滿足所有特定的化學需求，而解決這項難題的關鍵就是「分室化」（compartmentation）。

　　分室化能使各種複雜的系統一同運作。以城市為例，只有當城市被分成許多具有特定功能的不同區塊時才能有效運作，這些區塊包括像是火車站、學校、醫院、工廠、警察局、發電站和汙水處理廠等。一座城市需要以上單位和其他更多單位共同合作才能維持整體運作，如果這些單位全部混雜在一

起，就會造成秩序大亂。這些單位必須獨立才能有效運作，但也需要相對緊密和連接在一起。對細胞來說也是一樣，細胞需要創造一系列獨特的化學微環境，這些環境不論在實際的空間或時間上都是彼此獨立但又相互連接的。生物藉由建構這些交互作用的空間來實現這個目的，這些空間的規模有大有小，大小相差甚遠。

其中最大的規模，可能也是我們最熟悉的，就是擁有不同組織和器官的多細胞生物，像是植物、動物和你我這樣的人類。這些空間都很不同，每個都是為了特定的化學和物理程序所客製化的，像是你的腸胃會消化食物中的化學物質，肝臟會為化學物質和藥物解毒，心臟會利用化學能量來輸送血液等。這些器官的功能全都仰賴其特殊的細胞和組織，胃壁內層的細胞負責分泌酸，心肌中的細胞負

責收縮,而這些細胞也因此處於本身所應在的分室之中。

事實上,細胞本身就是分室化的基礎範例。細胞外膜的基本作用是使細胞內部的成分和外界隔離,多虧了細胞外膜的隔離作用,細胞才能在不受外界干擾下維持化學和物理秩序。當然,細胞只能暫時維持這種狀態,當細胞停止工作時就會死亡並且再度恢復混亂的狀態。

細胞本身就有一層層的分室,這些分室中最大的是被膜包圍的胞器,像是細胞核和粒線體。但在我們看這些分室如何運作之前,首先需要聚焦到碳聚合物這樣較簡單的級別,因為更大的分室全部是以這些基本元件的特性發展出來的。

細胞內最小的化學分室是酶分子的表面。要感受這些分子有多小，請看一下你手背上纖細的汗毛，這些汗毛是肉眼可見的最小結構之一，但與酶蛋白相較之下就顯得很大，每根頭髮的直徑上大約可以並排兩千個轉化酶的酶蛋白分子。

　　每個酶蛋白分子都擁有特定形狀的封閉空間和對接點，根據個別原子的大小量身打造，以與其共同作用的特定分子產生聯繫。這些精緻的結構非常微小，即使用最強大的聚光顯微鏡也無法直接看到。研究人員必須使用 X 射線晶體學和冷凍式電子顯微鏡等技術來推斷其形狀和特性，將我們的感官擴展到極致，使我們能夠確定數百或數千個相連原子的位置和性質，然後研究人員便可以看到酶在反應過程中，如何與其所操縱的化學物質相互作用。這些化學物質稱為受質（substrate）。酶和受

質就像迷你的立體拼圖片一樣組裝在一起。當這個拼圖的各個元素匯聚在一起時，化學反應就與細胞其他部分隔離開來，並以正確的角度和正確的化學條件呈現，使酶能夠進行極為精確的原子外科操作，操控個別的原子，製造或破壞特定的分子鍵。比方說轉化酶就是透過破壞蔗糖分子的氧原子和碳原子間的特定鍵而起作用。

酶之間會互相合作，以確保某個反應的產物能直接成為下一次反應的受質，如此一來，所有複雜過程所需的一系列化學反應，像是從較簡單的成分建構脂質膜或其他複雜的化學成分，所需的化學反應，就能互相協調。生物學家將這一系列複雜的化學互動過程稱為新陳代謝途徑，其中包含了許多不同的反應。其合作的模式就像工廠的生產線，必須完成每個步驟，再進行下一步。

酶也可以一起合作執行更複雜的合成行為，像是以極高的精確度複製 DNA。我們可以把進行這種作用的酶想像成非常微小的分子機器，其操作極為精確可靠。有些分子機器會利用化學能在細胞中做工，蛋白質的角色就像分子的馬達，為細胞自身以及細胞內各種貨物和結構的多數活動提供動力。有些功能就像配貨司機，會將細胞成分和化學物質運送到所需的細胞部位，這個過程是透過複雜的軌道來完成的，而這些軌道也是由蛋白質所製成，軌道在細胞內部縱橫交錯，就像錯綜複雜的鐵路網絡一般。研究人員曾拍攝這些微小分子馬達動作時的影片，並看到分子就像微型機器人一樣在細胞中「行走」。這些馬達具有棘輪機制（ratchet mechanism，一種齒輪轉動機制），能使其往單一方向前進，不會因為與其他分子碰撞而被撞開。

還有其他分子馬達能產生分離染色體和將分裂細胞切半所需的力。儘管這些分子馬達都小到不能再小，但當數十億個馬達聚集在數百萬個肌肉細胞中共同作用時，就能為振翅在花園中飛舞的黃色蝴蝶翅膀提供動力，讓你的眼睛能隨著書本的文字轉動、讓獵豹能以飛快的速度奔跑。我們周遭所見的世界正是結合了每個蛋白質的微小作用，聚集龐大數量後在許多細胞中工作的成就。

一群蛋白質比單一的酶和分子機器略大，可以彼此對接，形成一組協調更複雜化學過程的細胞裝置，這之中有個重要的成分是核醣體，核醣體來自蛋白質，每個核醣體都由數十種蛋白質以及幾種大分子 RNA（DNA 的化學近親）組成。核醣體比一般的酶要大，可以在一根頭髮寬度上並排數百個，但仍然小到無法直接借助電子顯微鏡觀察。生長和

繁殖中的細胞需要大量新的蛋白質，因此每個細胞都可以包含數百萬個核醣體。

為了建構新的蛋白質分子，核醣體必須讀取某個特定基因的遺傳碼並將其轉譯成蛋白質的二十個胺基酸字母。為此，細胞首先要複製一個暫時的特定基因副本，該副本由 RNA 製成，負責傳遞訊息，事實上這個 RNA 就被稱為「傳訊 RNA（信使核糖核酸）」（messenger RNA），因為傳訊 RNA 是從細胞核中的基因被運輸到核醣體，並攜帶了基因的訊息副本。核醣體以傳訊RNA（信使核糖核酸）為模板，按照基因指示的順序將胺基酸串連在一起以建構蛋白質，並會建構一個獨立和結構完整的微環境，藉此確保這個多酶與多階段的過程能正確且快速地執行，每個核醣體只要一分鐘時間就能建構出一個含有約三百個胺基酸的一般蛋白質。

雖然細胞的胞器大小和我們熟悉的物體規模比起來小很多,但已經比核醣體大得多了,每個胞器都有脂質膜包覆,這是真核細胞中的下一層重要分隔。這些細胞中的核心是我們稱為細胞核的胞器。在顯微鏡下細胞核通常是最明顯的胞器,但如果細胞很小的話,細胞核也會很小,像是你體內的兩到三個白血球細胞排列起來就只有你手上的汗毛寬,而每個細胞核只占白血球細胞體積的十分之一左右。但你要知道,在這樣微小的空間裡可是存有你整個的 DNA 副本,包含兩萬兩千個基因,整個拉長的話會有兩公尺長。

所有使細胞存活的不同化學活動都需要能量,事實上是很大量的能量。今日環繞在我們周遭的大多數生物基本上都是從太陽獲取能量,這就是對生命極為重要的另一個胞器葉綠體所肩負的任務。葉

綠體與細胞核不同，並不存在於動物細胞中而只能在植物和藻類中發現其蹤跡。葉綠體是光合作用的場所，透過太陽的能量進行一連串化學反應，將水和二氧化碳轉化為醣類和氧氣。

光合作用所需要的酶位於包圍每個葉綠體的兩層膜中，葉片中的每個細胞都能容納大約一百個左右的球形胞器，所有胞器中都含有高量的蛋白質，稱為葉綠素。也正是因為有葉綠素，草看起來才會是綠色的。葉綠素會吸收光譜中藍光和紅光的能量來啟動光合作用，而綠光則會被反射出來。

能夠進行光合作用的植物、藻類和某些細菌，可以利用光合作用產生的簡單醣類作為直接能量來源，並作為建構其賴以生存的其他分子原料。光合作用還會產生許多其他生物需要的醣類和碳水化合

物，像是真菌就以腐爛的木材為食、綿羊會吃草，而鯨魚會吞進在海裡行光合作用的大量浮游生物，另外還有全世界人類賴以為生的糧食作物，也是依靠光合作用而產生。事實上，對於人體各部位的建構都十分重要的碳元素，根本上也是來自光合作用，一開始是二氧化碳，然後透過光合作用的化學反應將二氧化碳從空氣中吸收。

光合作用的化學作用不僅提供了能量和原料，形成今日地球上多數的生命，也在形塑地球的歷史上扮演了決定性的角色。生命首度出現大約是在三十五億年前，目前為止發現最古老的化石也是這個年齡。這些化石都是單細胞微生物的化石，這些微生物的能量來源可能都是來自地熱，因為地球最早期的生命並沒有行光合作用，所以沒有主要的氧氣來源，因此大氣中幾乎沒有氧氣，而當地球上的

早期生命型態真正遇到氧氣後，反而造成很大的
問題。

　　儘管我們認為氧氣能維持生命，也的確如此，
但氧氣也是一種會造成很大化學反應的氣體，會破
壞其他化學物質，包括像是 DNA 這樣對生命十分
重要的聚合物。 當微生物演化出光合作用的能力
後就在數千年間大量增生，這使得大氣中的氧氣量
急遽增加。接下來在二十億到二十四億年前，發生
了稱為氧氣大災難（Great Oxygen Catastrophe）的
事件。當時存在的所有生物都是微生物，不是細菌
就是古細菌，但有些研究人員認為大部分的微生物
都因為大量的氧氣出現而被消滅。令人感到諷刺的
是，生命竟然會創造出差點終結所有生命的條件。
倖存下來的少數生命型態可能得退縮到較不會接觸
氧氣的地方，例如海底或地底深處，或者必須適應

和演化出新的化學物質，讓自己能在含氧的環境中茁壯。

直至今日，像我們人類這樣的生物仍然得小心應付氧氣，但我們卻又完全依賴氧氣，因為我們需要氧氣來釋放身體吃進去、製造或吸收的醣、脂肪和蛋白質中的能量，這是由稱為「細胞呼吸」這樣的化學過程來執行。這一系列反應的最後階段發生在粒線體內，粒線體是另一種對所有真核生物細胞來說都十分重要的胞器。

粒線體的主要作用是產生細胞所需要的能量，以啟動生命需要的化學反應，所以需要大量能量的細胞，也包含大量的粒線體。要讓你的心臟持續跳動的話，心肌中的每個細胞都必須使用數千個粒線體，粒線體總共占了心臟細胞中可用空間大約四

成，以化學術語來說，就是細胞呼吸逆轉了光合作用的核心反應，醣和氧相互反應後合成水和二氧化碳，釋放出大量能量並將其擷取作為後續使用，而粒線體可以讓這個有著許多步驟的化學反應獲得高度控制，並以有秩序的方式逐步進行，不會損失太多的能量，也不會使活性氧和電子逸散，並損害細胞其他部分。

　　細胞呼吸中關鍵的能量擷取步驟是基於質子的運動，質子是氫裡頭的一種原子，當氫元素被剝奪了電子後，就成為帶正電的質子，這些質子從粒線體的中心被推出，進入包覆每個粒線體的兩個膜之間的間隙，這導致粒線體內膜外部比內部累積更多帶電的質子。雖然這些過程都是化學反應，但本質上卻是一個物理過程，可以想像成是用抽水機將水往山上抽來填滿水壩，在水力發電站中，水壩裡的

水可以往山下奔流，透過渦輪機將水的動能轉化為電能。以粒線體來說，從「膜壩」被抽出來的質子透過蛋白質製成的渠道奔流到胞器中心，擷取帶電粒子流所產生的力，並以高能源化學鍵的形式儲存。

　　第一個想到細胞竟然會用這種方式產生能量的人物是英國生物化學家和諾貝爾獎得主彼得・米切爾（Peter Mitchell）。他曾經在愛丁堡大學的動物學系工作，後來我也在那裡從事酵母細胞週期研究，但當我到愛丁堡大學時，他已經離開大學並建立了自己的私人實驗室，實驗室就位於英格蘭西南部的高沼澤地。那並不是個尋常的舉動，因此有人認為他是個英國怪人。我在他快八十歲時遇見他，他對知識絲毫不減的好奇心與熱情令我佩服，我們無所不談，他的創造力令我非常震撼。我也很敬佩

他不在乎那些懷疑他的人，並持續證明他與眾不同的想法事實上才是正確的。

在粒線體中扮演渦輪角色的小蛋白質結構，外觀看起來真的有點像發電站中的渦輪，不過小了數十億倍。當質子奔流過分子渦輪時，通道只有萬分之一毫米寬並轉動著同樣小的分子規模轉子。旋轉的轉子會驅動一個非常重要的化學鍵產生，創造出一個新的物質分子，稱為三磷酸腺苷（Adenosine Triphosphate），簡稱 ATP，發生的速度非常快，每秒鐘可以有 150 次反應。

ATP 是生命普遍的能量來源，其每個分子都能儲存能量，就像迷你電池一樣。當細胞內的化學反應需要能量時，細胞就會破壞 ATP 的高能鍵，將 ATP 轉變為二磷酸腺苷（ADP），這個過程會

釋放能量，細胞便可以使用該能量來啟動化學反應或物理過程，就像分子馬達會採取的每個步驟。

我們所吃的大多數食物，最終都會在細胞的粒線體被處理，粒線體會利用內含的化學能來製造大量 ATP。為了滿足人體數兆個細胞所需的所有化學反應，粒線體每天總共會產生數量驚人、相當於你體重的 ATP。感受一下手腕的脈動，皮膚的熱度，以及呼吸時胸部的起伏，這一切都是由 ATP 所帶動，生命就是由 ATP 所驅動的。

所有生物都需要持續且可靠的能量供應，歸根究柢，生物都是透過相同的過程來產生能量，這個過程就是控制質子流穿過膜的屏障來合成 ATP。如果這世上有那麼一丁點像「生命火花」這樣能夠維持生命的東西，或許指的就是這股穿越膜的微小電

流了。但這一點也不神祕，只是一個容易理解的物理過程。細菌是藉由主動將質子抽送進外膜來達到這個目的，而更複雜的真核生物細胞則是在一個專門的區域，也就是粒線體中進行這個程序。

這些細胞內所有不同層次的空間組織——從酶內極小的對接點到含有染色體、相對較大的細胞核——都說明了一種思考細胞的新方法。當我們看著今日功能強大的顯微鏡所呈現的精緻美麗圖片時，就是在看著一個複雜且不斷變化的網絡，那是由具有組織且互相連結的化學微環境所組成的網絡。對於動物和植物中更複雜的組織和器官而言，細胞絕對不只是像樂高一樣的積木，每個細胞本身就是一個完整而高度複雜的世界。

自從安東萬・拉瓦節在兩個多世紀前開始探究

發酵是如何進行的以來，生物學家已經逐步認知到即使是細胞和多細胞體最複雜的行為，也可以從化學和物理學的角度來理解，這種思維方式對我和我的實驗室夥伴在試圖了解細胞週期的控制方式時非常重要。我們已經發現 *cdc2* 基因是細胞週期控制器，但接著我們想知道這個基因實際上的作用，其製造的 *cdc2* 蛋白實際上是執行哪些化學或物理程序？

為了找到這些答案，我們需要從遺傳學的抽象世界轉移到細胞化學更加具體的機械世界，那表示我們必須研究生物化學。生物化學往往會採取比較接近化約論者（又稱還原論者，reductionist）的方法，以拆解細節的方式說明化學機制，而遺傳學則採取比較整體的方法，著眼於整個生命系統的行為。在我們的狀況中，遺傳學和細胞生物學向我們

證明 *cdc2* 是細胞週期的重要控制因子，但我們需要透過生物化學才能明白 *cdc2* 基因製造的蛋白質如何以分子的形式運作。這兩種方法提供了不同的解釋，當這些不同的解釋能互相貫通時，就能確定研究方向無誤。

結果發現，*cdc2* 蛋白是一種稱為蛋白激酶的酶，這些酶會催化一種稱為「磷酸化」的反應，該反應會在其他蛋白質中增加一個帶有強烈負電荷的磷酸酯小分子。 為了使 *cdc2* 發揮蛋白激酶的作用，必須先與另一種稱為週期素的蛋白結合才能啟動，然後 *cdc2* 和週期素一起形成一種活性蛋白複合物，稱為週期素依賴性激酶（Cyclin Dependent Kinase），簡稱 CDK。週期素是由我的朋友和同事蒂姆·亨特（Tim Hunt）發現並命名的，這種蛋白質的數值會在細胞週期中循環式地運作，以確保

細胞中 CDK 複合物在正確時間啟動或關閉活性。
顯然週期素這個名稱取得比 *cdc2* 好多了。

當活性 CDK 複合物讓其他蛋白質磷酸化時，
增加的帶負電荷磷酸鹽分子會改變這些目標蛋白質
的形狀和化學性質，接著就會改變其運作方式，比
方說也可以活化其他的酶，就像在 *cdc2* 蛋白增加
週期素可以產生活性 CDK 一樣。因為像 CDK 這
樣的蛋白激酶可以同時讓許多不同的蛋白快速磷酸
化，所以這些酶通常被用來作為細胞中的開關，那
就是細胞週期間發生的事。S 期複製 DNA 的過程
是發生在細胞週期的早期階段，而有絲分裂期間分
離複製的染色體過程是發生在細胞週期的後期階
段，這些過程都需要許多不同酶的合作。CDK 將
所有大量不同的蛋白質一次全部磷酸化，藉此控制
複雜的細胞過程，因此了解蛋白質磷酸化是了解細

胞週期控制的關鍵。

　　解決這些問題並看到 *cdc2* 如何對細胞週期產生巨大影響，令我感到前所未有的滿足，就像那些靈光乍現的時刻一般令我珍惜。我實驗室的研究計畫已經從鑑定酵母基因——像是控制細胞週期並因此複製細胞的 *cdc2* 基因——轉變為證明從酵母到人類的所有真核生物中都存在相同的機制，最後也終於明白了這背後運作的分子機制。但整個過程耗時長遠，總共花了約十五年，由大約十個我實驗室的工作夥伴一起努力才完成。而且就如科學界的常態，這一切也是基於全球各地其他實驗室的研究貢獻，這些研究包括了研究海星、海膽、果蠅、青蛙、老鼠，和最終包括人類的各種生物的細胞週期。

說到底，生命只是來自化學物質相吸和相斥這種相對簡單和易懂的規則還有分子鍵的形成與斷裂，這些基礎過程以某種微小的分子規模集體運作，結合創造出世界萬物，包括可以任意遊走的細菌、岩石上的地衣、花園中的花朵、翩翩飛舞的蝴蝶，當然還有能夠閱讀和書寫這本書的你我。

細胞很複雜，因此由細胞組成的生物也非常複雜，但生物終究是可以理解的化學和物理機制，這已經是思考生命時一種為人所接受的觀念。現在的生物學家試圖將這些非常複雜的生命機器元素進行描繪和分類，讓我們對這個概念有更深入的認識，而我們現在可以使用更強大的技術達到這個目的，讓我們對極端複雜的活細胞進行深入研究。我們可以提取一個細胞或一組細胞，對這些細胞內的所有 DNA 和 RNA 分子進行定序，並找出和計算存在其

中的數千種不同類型蛋白質，我們還可以詳細描述
細胞中發現的所有脂肪、醣類和其他分子。這些技
術大幅擴展了我們的感官範圍，讓我們對細胞中肉
眼不可見和不斷改變的組成元素，有了全新和全面
的了解。

對細胞的新見解也帶來了新的挑戰，正如席德
尼・布瑞納（Sydney Brenner）所說：「我們被淹
沒在數據資料中，但仍渴求知識。」他的擔憂是，
許多生物學家花費大量時間記錄和描述生命化學的
細節，卻沒有全然理解其中的意義，將這些數據
資料轉化為有用知識的重點，是了解生物如何處理
訊息。

這是生物學的第五大概念，也是我們接下來要
談論的重點。

5

由訊息組成的生命

以整體來運作

我童年記憶中的那隻蝴蝶，是為了什麼闖入花園？是餓了嗎？是在尋找可以產卵的地方，或者正被一隻鳥追趕？還是只是單純想要探索這個世界？當然，我不知道那隻蝴蝶為什麼會有那些表現，只能說其正在與自己的世界互動並採取行動，而為了達到此一目的就必須管理訊息。

訊息對蝴蝶的生存來說非常重要，事實上對所有生命來說都非常重要。生物為了使自己複雜且有組織的系統有效運作，必須不斷收集和使用兩個世界的訊息，一個是生活的外在世界，一個是自己的內在世界。當外在世界和內在世界產生變化時，生物必須有辦法偵測這些變化並做出反應，如果辦不到就難以生存。

而這在蝴蝶身上是怎麼表現的呢？當蝴蝶飛舞

時，其感官會建構花園的詳細圖片，眼睛會察覺光線，觸角會在附近採集不同化學物質的分子，毛髮會監測空氣中的振動，最後會收集有關這個花園的大量訊息，然後將這些多樣的訊息全部匯集在一起，目的是將其轉化成可以付諸實踐的有用知識。那些知識可能是在偵查鳥類或某個好奇孩子的影子，或從花朵中辨別出花蜜的氣味，結果就是讓蝴蝶翅膀產生有秩序的動作，藉以避開鳥類或停靠在花朵上覓食。這一切都是蝴蝶結合許多不同訊息來源後利用這些訊息做出決定，並對自己未來產生有意義的結果的過程。

生物極度依賴訊息做出有意義的行動。蝴蝶收集的訊息是有意義的，蝴蝶會利用這些訊息來決定下一步要做什麼以實現某些特定目的，所以說蝴蝶是為了某些目的才會採取行動。

生物學是科學的分支，在這門學問裡談論目的性通常是很自然的。相反的，在物理科學中我們不會去問河流、彗星或重力波的目的是什麼，但是去問酵母中的 *cdc2* 基因或蝴蝶飛行的目的確實有其道理。所有生物都會自我維持和發展組織，並在此期間成長與繁殖，這些帶有目的性的行為已經產生演化，因為這些行為可以增加生物實現其根本目的的機會，那個目的就是讓自己與後代生生不息。

　　有目的的行為是定義生命的其中一項特徵，但只有在生命系統能以整體運作的狀況下，這樣的說法才成立。最早了解這項生物特徵的其中一人是十九世紀初的哲學家伊曼努爾·康德（Emmanuel Kant），他在《判斷力批判》一書中指出，生物的各個部分是為了整體而存在，而整體是為了各個部分而存在。他提出生物是有組織、有凝聚力和懂得

自我調節的實體，能掌控自我的命運。

以細胞的等級來考慮的話，每個細胞都包含大量不同的化學反應和物理活動。如果這些不同過程的運作都產生混亂或互相競爭的話，一切就會迅速崩潰。只有透過管理訊息，細胞才能讓極為複雜的操作井然有序，並實現最終目的，也就是使細胞存活和繁殖。

要了解這些過程，請先記得細胞是一個以整體來運作的化學與物理機器，透過研究細胞的各個組成部分，你可以對細胞有很多了解，但細胞要能正常運作的話，細胞內種種不同的化學反應必須相互溝通並團結合作。如此一來，當外在環境或內部狀態發生變化——像是細胞的糖分不足或遇到有毒物質——細胞才能察覺到變化並調整作用，進而使整

個系統盡可能發揮最佳功能。就像蝴蝶收集有關周遭的訊息並利用這些知識來調整行為一樣，細胞也會不斷評估內部和周圍的化學與物理環境，並用那些訊息來調節自身狀態。

為了更加了解細胞使用訊息進行自我調節的意義，我們不妨先透過人類所設計的機器來思考。以離心式調速器（centrifugal governor）為例，這個機器最初是由荷蘭博學家克里斯蒂安・惠更斯（Christiaan Huygens）所開發，用於石磨上的機器，但後來由蘇格蘭工程師兼科學家的詹姆斯・瓦特（James Watt）於 1788 年進行了成功的改造，使這個裝置可以安裝在蒸汽機上，讓蒸汽機維持穩定速度，不會失速或拋錨。這個機器由兩個圍繞著中心軸旋轉的金屬球組成並由蒸汽機提供動力。隨著蒸汽機運轉速度加快，離心力會將金屬球向外和向

上推動，藉此打開閥門並將蒸汽從機器的活塞中釋放出來，減緩蒸汽機的速度。當蒸汽機減速時，重力會將調速器的金屬球往下拉，藉此關閉閥門並讓蒸汽機再次加速至所需速度。

我們可以透過訊息的角度來理解瓦特的調速器。金屬球的位置能讓我們看出蒸汽機的速度，如果速度超過需求標準，就會啟動蒸汽閥這個開關來降低速度。這就是一個處理訊息的設備，讓機器可以自我調節，不需人為操作的介入。瓦特打造了一個具有目的性的簡單機械設備，其目的是使蒸汽機以穩定的速度運作，成果非常傑出。

而細胞就更廣泛運用了這個在運作概念上非常相似的系統，只是細胞的機制通常更加複雜且擁有調整空間。這樣的機制能有效達到恆定狀態，主動

維持有利生存的條件，比方說透過這種恆定系統可讓你的身體保持恆定的體溫、體液量和血糖值。

訊息處理可以應用到生活的各方面。為了闡釋這一點，讓我們看看兩個複雜的細胞成分和過程，這兩個例子可以透過訊息的角度獲得最加理解。

第一個例子是 DNA 以及其分子結構解釋遺傳的方式。DNA 的重點就是每個基因都是以 DNA 的四個字母書寫而成的線性訊息序列，線性序列是一種我們十分熟悉且有效果的策略，可以用來儲存和傳遞訊息，我們閱讀單字和句子時需要這些序列，程式設計師編寫電腦和手機程式碼時也需要這些序列。

這些不同的編碼都是以數位的形式來儲存訊

息，這裡數位的意思是指訊息是以少量位數的不同組合來儲存。英文使用 26 個基本位數，也就是 26 個字母。電腦和智慧型手機使用 1 和 0，而 DNA 是利用四個核苷酸鹼基。用數字編碼的一大優勢在於可以很容易地從一個編碼系統轉換為另一個編碼系統，所以細胞能將 DNA 編碼轉譯為 RNA 然後再轉譯為蛋白質。通過這種方式，遺傳訊息就能流暢靈活地轉化為物理行動，這是人類工程系統無法比擬的。電腦系統必須將訊息寫到不同的物質媒介上才能儲存，但 DNA 分子本身就是訊息，這使得數據儲存變得十分簡潔。技術人員已經了解到這一點，並正在開發於 DNA 分子中編碼訊息的方法，以便以最穩定和節省空間的方式進行存檔。

另外，DNA 之所以能夠精確的自我複製也是源自於其分子結構。從訊息的角度思考，鹼基對

（A 與 T，G 與 C）之間的分子吸引力讓 DNA 分子所擁有的訊息可以被精確可靠地複製，這種內在的複製能力說明了 DNA 中保存的訊息為何可以如此穩定，有些基因序列在經過長時間的一連串細胞分裂後仍留存下來。建立各種細胞成分（像是核醣體等）所需要的大部分遺傳密碼在所有生物中顯然都相同，不管是細菌、古細菌、真菌或動植物都擁有相同的遺傳密碼，也就是說這些基因的核心訊息可能已經保存了三十億年之久。

因此雙螺旋結構才會如此重要。弗朗西斯·克里克和詹姆斯·華生解開了雙螺旋結構之謎，藉此搭建了一座溝通的橋梁，讓遺傳學家認為生命所需要的訊息是「由上而下」世代相傳的概念，與細胞是透過「由下而上」的機制以分子規模建構與運作的概念互相連結，點出為什麼生命化學只有在以訊

息這個觀點討論時，才具有意義。

　　基因調控是第二個例子，可以用來說明為何訊息是理解生命的關鍵，基因調控是一組細胞用來使基因「打開」和「關閉」基因的化學反應，可以讓細胞在任何特定時間只使用實際需要的特定遺傳訊息，未成型的胚胎能發育成外型完整的人類，就是這項功能的重要成果。在人類腎臟、皮膚和大腦中的細胞總共包含兩萬兩千組相同的基因，但基因調控意味著製造腎臟所需的基因會在胚胎腎臟細胞中被「打開」，而那些專門製造皮膚或大腦的基因則是被「關閉」，在其他器官中也是相同道理。基本上每個器官中的細胞都不同，因為這些器官使用的基因組合也都非常不同。事實上，人體內全部的基因中只有約四千或五分之一組的基因組是被打開並被體內所有不同類型細胞使用，以支撐生存所需的

基本運作，其餘部分就只有偶爾被使用，因為這些基因只執行某些類型細胞需要的特定功能，或只在某些特定時刻被需要。

　　基因調控還意味著可以在生命的不同階段，使用完全相同的一組基因創造出截然不同的生物。每隻精緻而複雜的黃粉蝶最初的生命型態，都是不起眼的綠色毛毛蟲，藉由擷取儲存在基因組中的同一組訊息並以不同方式使用，就能從一種型態蛻變成完全不同的型態。但基因調控不只在生物生長和發育時很重要，也是當環境改變時，所有細胞調節其運作和結構以生存和適應的主要方式之一。比方說當細菌遇到新的醣類來源時，就會立刻打開消化該醣類所需要的基因。換句話說，這個細菌具有一個能自我調節的系統，會自動選擇其所需要的精確遺傳訊息，增加生存和繁殖的機會。

生化學家已經發現用來達成各種基因調控成果的基本機制。有些蛋白質具有「抑制因子」可以關閉基因，有些蛋白質具有「活化因子」可以開啟基因。這些機制可以透過尋找並結合被調節基因附近的特定 DNA 序列來完成，這會讓製造傳訊 RNA（信使核糖核酸）並將訊息傳送到核醣體轉譯成蛋白質的機會依狀況增加或減少。

　　重要的是，我們要知道這些過程以化學的角度是如何運作的。但我們除了想知道基因是如何調控的之外，還想知道有哪些基因受到調控，這些基因是被打開的還是關閉的，以及為什麼。解答這些問題可以讓我們對這個主題有更進一步的了解，我們將能知道人類卵細胞基因組中保存的訊息，是如何引導嬰兒中數百種不同類型的細胞形成；知道新的心臟藥物如何打開和關閉基因，並改變心肌細胞行

為；知道如何改造細菌的基因以製造新的抗生素，
當然除此之外還有更多可能性。當我們開始以這種
方式研究基因調控時，顯然基於訊息處理的概念對
於理解生命的運作就相當重要。

這種強大的思考方式來自賈克・莫諾（Jacques
Monod）和他的同事方斯華・賈克柏（François
Jacob）的研究，這些研究使他們在 1965 年獲得了
諾貝爾獎。他們知道自己研究的大腸桿菌可以在兩
種醣類中的其中一種生存。每種醣都需要不同基因
產生的酶來分解，但問題是：細菌如何決定怎麼在
兩種醣之間切換？

這兩位科學家設計了一系列出色的遺傳實驗，
揭示了基因調控這個特殊例子的邏輯。他們展示當
細菌以一種醣類為食時，基因的抑制因子蛋白會關

閉以另一種醣類為食所需的關鍵基因。但當可以取得另一種醣類時，細菌又會快速切換回受抑制的基因來消化另一種醣類。轉換的關鍵在另一種醣類，該醣類會與抑制因子蛋白結合使其無法正常工作，因此受抑制的基因就會重新被打開，這是一種節約且精確的方法，而且能順利達成目標。演化為細菌設計了一套察覺替代能源存在的方法，並讓細菌懂得利用這項訊息來適當調整其內部的化學反應。

最令人佩服的是，當賈克柏和莫諾研究成功時，當時還無法直接淨化參與這個過程的特定基因和蛋白質，他們的方法是透過訊息的角度來觀察細菌。也就是說，他們不需要了解研究的細胞過程的所有化學物質和成分，而是透過遺傳學的基本方法，讓參與該過程的基因產生突變，並將基因視為控制基因表現的抽象訊息元素。

賈克柏和莫諾都各自寫了書，賈克柏的著作為《生命的邏輯》，莫諾的著作為《偶然性和必然性》，兩本書的主題都涵蓋了與我在本書中討論的相關議題，也都對我有很大的影響。我從不認識莫諾，但見過賈克柏幾次。我上次見到賈克柏時他邀請我在巴黎吃午餐，他想談論自己的生活並討論一些想法，像是如何定義生命、演化於哲學上的含意，以及法國和盎格魯撒克遜科學家對生物史的不同貢獻。過去的戰爭創傷令他經常感到煩躁不安，他是一名典型的法國知識分子，平日裡博覽群書，涉獵範圍含括哲學、文學和政治。對我來說，那是一場難忘的精彩聚會。

　　賈克柏和莫諾做研究的時候，正是人們開始理解訊息的年代，那時人們開始知道訊息是如何從基因序列流向蛋白質，然後發揮細胞功能，人們也開

始知道如何控制這種流動。這種以訊息為中心的方法也影響了我的思考方向，當我開始我的研究生涯時，我想了解細胞是如何自我轉譯，並組織其內部的化學反應來控制細胞週期。我不想只描述細胞週期中發生的事情，更想了解控制細胞週期的因素為何，也就是說我經常回頭以訊息的角度去思考細胞週期，並且不只將細胞視為化學機器，還將其視為具有邏輯性和電腦計算能力的機器，就如同賈克柏和莫諾的想法：生命處理和管理訊息的能力決定其生存和未來。

最近幾十年來，生物學家已經開發出強效的工具來鑑定和計算細胞的各種成分，像是我的實驗室就投入大量精力研究裂殖酵母菌的整個基因組定序。我們曾與巴特·拜洛（Bart Barrell）合作，他曾經和弗雷德里克·桑格（Fred Sanger）共事，桑

格這個人物在 1970 年代首次發展出一種實用又可靠的 DNA 定序法。在這個研究計畫期間我曾經遇過桑格幾次，不過他當時已經退休。他是一個相當安靜溫和的人，喜歡種植玫瑰，而且與我多年來遇到的許多成功科學家一樣，總是很樂意花時間與年輕科學家交談並鼓勵他們。當他來到巴特的實驗室時，看起來就像個迷路的園丁，但這位先生可是兩個諾貝爾獎的得主。

我和巴特與歐洲各地十多間實驗室共同合作，讀取裂殖酵母菌基因組中大約一千四百萬個 DNA 字母，動員了約一百人，耗時約三年時間才完成。如果我沒記錯的話，這是第三個完整和準確定序的真核生物，當時是西元 2000 年左右。現在同樣的基因組可以在約一天內由幾個人完成定序，這是過去二十年來 DNA 定序的進步。

收集這樣的數據很重要，但這只是第一步，接著還有更重要和更具挑戰性的目標，那就是要了解其背後的整體運作。為了達成這個目標，我想出一個可以有最多進展的思考模式：我將細胞看作是由一系列個別模組（module）組成的物體，這些模組之間相互合作，以完成生命更複雜的特性。我在這裡使用「模組」這個詞彙來表示，模組就是用來處理特定訊息的一組零件。

照這個定義來說，詹姆斯‧瓦特的調速器也是一個模組，這個模組有著明確的目的，就是要控制發動機的速度，賈克柏（Jacob）和莫諾（Monod）為了控制細菌用醣而發現的基因調節系統是另一個例子。以訊息的角度來說，這些模組都以相似的方式工作，是訊息處理模組的範例，稱為負向迴路。這種模組可用於維持穩定狀態並且在生物領域受到

廣泛應用，像是可以讓你的血糖值保持相對穩定，就算你吃了像是糖霜甜甜圈這樣的甜食之後也一樣，胰臟細胞可以察覺出血液中過多的醣分，並釋放胰島素到血液中，胰島素接著會觸發肝臟、肌肉和脂肪組織的細胞，從血液中吸收醣分，降低血糖並將其轉化為不可溶的肝醣或脂肪，然後儲存起來之後使用。

另一種模組是正向迴路，這種迴路可以形成一種不可逆的開關，一旦打通之後就永遠不會關閉，正向迴路以這種方式控制蘋果成熟。成熟的蘋果細胞會產生一種叫作乙烯的氣體，這個氣體既可以加速蘋果的成熟，也可以增加乙烯的產量，因此蘋果永遠不會再退回未成熟的狀態，而彼此靠近的蘋果則是可能互相催熟。

當不同的模組結合在一起時可以產生更複雜的結果，比方說有些機制能產生可在「開啟」和「關閉」狀態間轉換的開關，或者能有節奏地在「開啟」和「關閉」狀態間不斷轉換的振盪機制。生物學家已經發現了基因活動和蛋白質的振盪機制，這些機制被用於許多不同的目的，像是分辨白天與黑夜等等。植物葉片中有細胞能利用基因和蛋白質的振盪來測量時間的流逝，並因此使植物能偵測新一天的開始，在天亮之前打開光合作用所需的基因。其他振盪機制也會因為細胞之間的溝通而開關，比方說現在在你胸膛裡跳動的心臟，就是靠著這個機制運作，另外像是神經元的振盪迴路會在你的脊髓中來回運轉，你的腿部肌肉才能反覆收縮和放鬆，你才能以穩定的速度行走，而這些現象都不需要你的意識去控制。

不同模組會在生物體內相互連結產生更複雜的行為，可以用智慧手機的不同功能來比喻，每一項功能——像是撥打電話、上網、拍照、播放音樂、傳送電子郵件等——都可以想像成在細胞中運作的模組，設計智慧手機的工程師必須確保這些不同的模組都能互相合作，讓手機能夠執行其需要的所有功能，為了達成這個目的，他們繪製了訊息在不同模組間流動的流程圖，而以模組為基礎來設計新手機的最大好處是工程師可以確保他們的計畫能以功能為重，而不會迷失在大大小小的零件中。如此一來，他們就不必在一開始就花太多心思在構成模組的大量電晶體、電容器、電阻器和許多的電子零件上。

　　採用與手機工程師相同的方法，能讓我們更容易理解細胞的活動。如果我們能夠了解細胞的不同

模組，並了解細胞如何互相連結來管理訊息，就不一定需要了解每個模組如何運作的細節，我們最大的目標應該是了解其中的意義而不是將其複雜化。比方說我可以給你一份清單，把本書中出現的所有不同單字依照出現頻率分門別類，這樣的一份目錄就像沒有說明書的零件清單，我只知道這個內容很複雜，但其中想表達的意義卻都喪失了。要理解這些文字想傳達的意義，就必須以正確的順序閱讀這些文字，並透過較高層級的句子、段落和篇章來理解這些文字想傳達的訊息，這樣一來文字才能傳達故事、敘述報導、連結思想和作出解釋。這就和生物學家將細胞中的所有基因、蛋白質或脂質分類的道理完全相同，這樣的分類是一個重要的起點，但是我們真正想了解的是，這些個別的單位是如何共同合作形成模組，讓細胞存活並繼續繁殖。

用電子和電腦產品做比喻有助於我們理解細胞和生物，就像我剛才用來舉例的智慧手機，但我們做比喻時也要謹慎，因為生物處理訊息的模組和人造電子產品的電路處理訊息的模組在某些方面是非常不同的。數位的電腦硬體通常是靜止且無法活動的物件，所以我們才稱為「硬體」。相較之下，細胞和生物的「線路」是流動和動態的，因為這些組成的元件是生化物質，可以透過細胞內的水進行擴散，並在不同的細胞隔間以及細胞之間移動，更加自由地進行重新連接、定位和計畫，有效地重整整個系統。不過硬體和軟體這兩種比喻很快就派不上用場了，所以後來系統生物學家丹尼斯‧布雷（Dennis Bray）才創造了另一個很有智慧的術語「濕體」（wetware）來描述生命更靈活的運算物質，細胞可以透過液態古典化學（wet chemistry）這種媒介在不同的元素間創造連結。

這原理也適用於大腦這個原型和複雜的生物電腦，在你的一生中，神經細胞會不斷成長、回縮並與其他神經細胞建立或切斷連結。

　　為了使各種複雜的系統成為一個有意義的整體，就必須在系統不同的元件和外部環境間進行有效溝通。在生物學中，我們稱這種負責執行溝通的模組為訊息傳遞路徑（signalling pathways）。胰島素這種釋放到血液中調節血糖的荷爾蒙就是一種訊息傳遞路徑，但還有很多其他的。訊息傳遞路徑會在各處傳遞訊息，像是細胞內、細胞間、器官間、生物個體間、生物群體間，甚至是在整個生態系統的不同物種之間。

　　訊息傳遞路徑可以透過調整傳輸訊息的方式來達成許多不同的結果，例如可以單純地「打開」或

「關閉」開關來輸出信號，就像電燈開關一樣，但這些信號也能以更細微的方式運作。比方說在某些情況下，一個弱信號輸出，而一個強信號緊接著輸出，就像輕聲細語時周遭的人聽得見，但在需要讓整個房間的人都撤離的緊急狀況下就需要大聲喊叫才行。細胞還可以利用訊息傳遞路徑的動態行為來傳遞更豐富的訊息，雖然信號本身只能開或關，但透過改變在這兩種狀態下所花費的時間，就能傳輸更多訊息。比方說摩斯密碼就是一個很好的比喻，透過簡單改變摩斯密碼「點」和「線」的持續長短和順序，就能傳達有意義的訊息，不管是簡單的求救信號，還是達爾文的《物種起源》這本書的內容，都能用摩斯密碼呈現。能如此表現的生物訊息傳遞路徑能製造更豐富的訊息，比只能傳遞「是」或「否」、「開」或「關」的訊息傳遞序列更具有意義。

除了透過空間發送信號，細胞還需要透過時間發送信號。為了達成這個目標，生物系統必須能夠儲存訊息，也就是說細胞可以攜帶過去經歷的化學印記，這可以想成類似在我們大腦中形成的記憶。這些細胞記憶的範圍很廣，從片刻前發生的短暫印象到刻印在 DNA 中非常長期和穩定的記憶都含括在內。細胞會在細胞週期內使用短期的過往資訊，「記住」細胞週期早期發生事件的狀態，並向該週期中的後續事件發出信號。比方說如果複製DNA的過程尚未完成，或是出了差錯，這個事件就需要被記錄並傳遞到細胞分裂的機制中，不然細胞可能會在整個基因組被正確複製前就試圖分裂，造成基因訊息流失和細胞死亡。

基因調控的過程允許細胞在更長的時間內儲存訊息，這是二十世紀中英國生物學家康拉德・沃丁

頓（Conrad Waddington）特別感興趣的議題。我於1974年在愛丁堡大學開始博士後研究時曾經與沃丁頓會面。他是名優秀的研究學者，並在藝術、詩歌和左翼政治方面擁有廣泛的興趣，但他最著名的事蹟是創造了「表觀遺傳學」（epigenetics）一詞。他用這個字詞來描述細胞在胚胎發育的過程中，如何逐漸扮演更專門的角色。當成長中的胚胎指示細胞承擔這些角色，細胞就會記住那些訊息並且幾乎不會改變路徑。如此一來，當細胞決定要形成腎臟時，就會成為腎臟。

今日，大多數生物學家使用表觀遺傳學一詞的方式都是基於沃丁頓的概念，這個概念描述了細胞持續用來打開或關閉基因的一連串化學反應。這些表觀遺傳過程不會改變基因本身的 DNA 序列，反而通常是會增加化學「標籤」到 DNA 上或是到與

該 DNA 結合的蛋白質上。這會產生細胞持續一輩子的基因活動模式，有時候持續的時間甚至更長，歷經許多細胞分裂仍持續著。在某些極偶發的狀況下，這些模式會傳到下一個世代，將一個生物生命歷程中的訊息，以化學的形式從父母代傳到子代和接下來的世代。有些人認為這些模式跨世代傳承的基因表現，會對於遺傳只是基於基因編碼的 DNA 序列這個觀點提出巨大挑戰，然而根據目前的證據指出，跨世代的表觀遺傳只有少數例子，而且在人類和其他哺乳動物身上似乎非常罕見。

除了基因調控之外，訊息處理對於生物在空間中如何創造有秩序的結構也很重要。以我兒時看到的黃粉蝶為例，蝴蝶本身的結構非常複雜，其翅膀形狀是經過精心設計才能翩翩飛舞，且翅膀上還精確地布滿了斑點和翅脈。除此之外，所有蝴蝶都按

照相同的設計圖打造，比方說都有頭部、胸部、腹部、六條腿和兩個觸角，而且這些結構都是以可預測的比例形成和生長，蝴蝶的其他身體部位也一樣。這些精彩的空間結構是怎麼產生的呢？同樣的一個卵細胞是怎麼產生這一切的？

就連細胞也有著各種極度精緻的結構和形狀，那和羅伯特・虎克（Robert Hooke）在十七世紀所描述，有規律的箱狀軟木細胞完全不同，也和我在學生時期觀察的洋蔥根完全不同。肺細胞是像梳子狀的毛髮，會不斷跳動，將黏液和感染物從肺部排出；住在骨骼裡並負責製造骨骼的細胞是立方體的；神經細胞的分支非常長，可以到達你身體的各個部位，以上只是列舉細胞的其中一些類型。在這些細胞中可以找到胞器的位置，而胞器會隨著細胞的變化生長並調整位置。

這些空間中的秩序如何發展是生物學中更具挑戰的一個議題，當我們能理解訊息如何通過時間和空間來傳遞時，才可能找到滿意的答案，目前我們真正完全了解的只有生物的結構是由分子所組成。核醣體就是一個很好的例子，這些相對較小的物體形狀是由構成其分子成分間的化學鍵來決定，可以將這些結構想像成是在立體拼圖中加入零件，有點像是在組樂高積木。也就是說要組合這些結構所需的訊息是被包含在核醣體本身的結構中，而這些成分就是蛋白質和 RNA，這些結構最後就由基因中保存的訊息進行精確指定。

要了解在像是胞器、細胞、器官和整個生物這樣較大規模中的結構組成是更加困難的，這些元件間分子的互動無法解釋這些結構如何形成。部分原因是其體積較大，有時候會比核醣體這樣的物體還

大上許多，但這也是因為即使在細胞或身體的尺寸改變時，這些結構仍可以維持完美的比例。這在像是樂高積木那樣固定的分子互動中，可說是絕對不可能的。就拿細胞分裂來說，每個細胞都具有組織完整的結構，當細胞分裂時，會生成兩個大小約為一半的細胞，而每個分裂出來的細胞都會和原本的母細胞具有相同的整體結構。

在胚胎的發育中也可以看到類似的現象，以海膽來說，受精的海膽卵歷經反覆的細胞分裂，產生出精緻而美麗的小生物。如果將海膽卵第一次分裂後形成的兩個細胞分開，每個細胞將發展出兩個完美成形的海膽，神奇的是，每個小海膽的大小就剛好是那個年紀的普通海膽一半。這種在尺寸和形狀上的自我調節是非常令人驚奇的，生物學家一個多世紀以來依舊無法解開這個謎題。

然而，透過思考訊息這個議題，生物學家開始理解這些事物的形成方式。發育中的胚胎會產生其所需要的訊息，將同樣的細胞轉變成高度模式化的結構，其中一種方式就是藉由製造化學梯度（chemical gradients）。如果將一小滴墨水倒入一盆水裡，墨水會從原始墨水滴的位置慢慢擴散開來，墨水的顏色濃度也會隨著離開那一滴墨水的位置愈遠而變得愈低，這就是一種化學梯度。這個梯度可以被作為一種訊息來源，比方說如果墨水分子的濃度很高，我們就知道自己位於靠近滴下墨水的水盆中心。

　　現在我們用一團相同的細胞取代碗，另外不用墨水，而是在這團細胞的一側注入可以改變細胞特性的一劑特定蛋白質。這可以提供那些細胞一些空間訊息，使其開始建構一種模式。蛋白質會在細胞

中擴散，在細胞團一側形成高濃度的梯度，另一側形成低濃度的梯度。如果細胞對高濃度和低濃度的反應不同，蛋白質梯度就可以提供建構胚胎所需的訊息。如果說高濃度的蛋白質會生成頭部細胞，中濃度的蛋白質會生成胸部細胞，低濃度的蛋白質會生成腹部細胞，那麼原則上一個簡單的蛋白質梯度，就能讓一隻黃粉蝶有了最初的生命型態。在現實生活中事情通常不那麼簡單，但是有充分的證據顯示，生物在發育時體內的傳訊分子梯度，確實能幫助生物發展出複雜的形體。

這一連串問題正是艾倫‧圖靈（Alan Turing）在 1950 年代初期著手研究的主題，艾倫‧圖靈是破解恩尼格瑪密碼機的名人，也是現代計算機的創始人之一。他提出了另一種充滿想像力的建議，說明胚胎如何從內部產生空間訊息。他設計了一套數

學方程式，可以預測化學物質彼此間的互動，以及之後在結構中擴散時會經歷的特定化學反應，結果沒想到他稱為「反應擴散模式」（reaction-diffusion model）的方程式，竟然可以將化學物質排列成精巧且美麗的空間模式，比方說透過調整他的方程式參數，兩種物質就可以自我組織成均勻分布的斑點、條紋或斑塊。圖靈模型吸引人之處，在於這些模式會根據兩種物質互動時相當簡單的化學規則自動出現，換句話說，這能為發育中的細胞或有機體提供一種產生訊息的方式，而這個訊息是細胞成形時需要的訊息，並且完全來自於細胞的內部本身，也就是說，這個訊息是自己建構起來的。圖靈在其理論尚無法於真正的胚胎中獲得證實前就去世了，但發育生物學者現在認為，可能就是這個機制才讓獵豹的背上有斑點、讓許多魚類身上有條紋、讓人類頭上有毛囊，甚至每個發育中的嬰兒會長出五根

各自不同的手指，也是拜這個機制所賜。

　　當我們從訊息的角度看待生命時，必須了解：生物系統已經演化了數百萬年的時間。如我們所見，生命的創新是隨機的基因突變和變異所造成的結果，然後透過天擇的篩選將那些良好的條件融入到現存更成功的物種之中。這表示現有的系統會因為逐漸增加新的條件而逐步改變。在某種程度上，這和你的手機或電腦有點相似，手機電腦經常需要下載和安裝新的軟體更新，這讓這些設備獲得新功能，但驅動的軟體也漸漸變得更複雜。生命也是類似的道理，這些遺傳上的「更新」表示整個細胞系統都將隨著時間變得愈來愈複雜，而這可能會導致過多的負荷。有些元件的功能會重複，有些元件將在被取代後留下殘餘的部分，有些元件對正常的運作來說是完全不必要的，但如果主元件故障，或許

能夠作替代之用。

　　這一切都意味著，與人類設計的控制電路相比，生物系統通常效率都比較低，結構也比較沒有道理可循，所以我們只能在一定程度內拿生物學和計算機學來作類比。正如席德尼‧布瑞納（Sydney Brenner）所觀察到的原理：「數學是完美的藝術；物理學是理想的藝術；生物學則因為演化的關係，是令人滿意的藝術。」透過天擇存活下來的生命之所以能生存是因為「成功了」，而不一定是因為這些生命用了最有效或最直接的方式做事，所以這些複雜和累贅的東西就讓我們更難去分析生物的傳訊網絡和訊息流。通常奧卡姆的剃刀原理（Occam's razor）就不適合用來解釋生物學，因為奧卡姆的剃刀原理著重於尋找最簡單和適當的解釋來說明一種現象。有些後來轉向研究生物學的物理

學家對生物學的這項特性就相當不解，物理學家往往喜歡優雅和簡單的解決辦法，他們對於生物系統的混沌和不完美的現實狀況會有點適應不良。

　　我的實驗室經常為天擇所帶來的累贅物質和紛亂而苦惱，因為這些事物會掩蓋生物運作過程的核心原理。為了解決這個問題，我們對酵母細胞進行了基因工程改造，製造了更簡化的細胞週期控制迴路，這就像卸除汽車上的一些非關鍵功能零件，像是車身、車燈和座椅等，只留下像是引擎、變速箱和車輪等最必要的部分。實驗結果比我預期得更好，我們簡化的細胞依舊可以進行細胞週期控制的主要工作。將複雜的機制拆解到只剩最基本的要素之後，就可以讓我們更輕鬆地分析訊息流，也因此對細胞週期的控制系統有了更新的了解。

在這個實驗中最突出的因子，也就是絕對不可或缺的細胞週期調控因子就是 *cdc2* 基因。隨著酵母細胞在細胞週期中演進，細胞本身會穩定生長，而 *cdc2* 的數量和包含週期素的 CDK 複合物也會增加。以訊息的角度來說，細胞將現存的活性 CDK 複合物數量作為一種反應細胞大小的訊息輸入，同時又作為觸發細胞週期主要事件的關鍵信號。細胞週期早期所需的蛋白質先被 CDK 複合物磷酸化，讓 DNA 能在 S 期進行複製，而稍後才需要的蛋白質就稍後才被磷酸化，產生細胞週期結束時的有絲分裂和細胞分裂。較早的蛋白質比較晚的蛋白質對 CDK 酶活性更敏感，因此當細胞中 CDK 活性較低時就會被磷酸化。

這種細胞週期控制的簡單模式將 CDK 活動視為細胞週期控制中心的關鍵協調樞紐，這個原理過

去卻被許多事情蒙蔽，比方說整個流程表面的複雜度、不同元件的多餘功能，出現較不重要的控制機制等，或許也被我們自己的想法所蒙蔽，因為我們往往認為許多原理應該要更加複雜才對，不可能這麼簡單。

在本章多數篇幅中我都將重點放在細胞上，因為細胞是生命的基本單位，但將生命視為訊息的想法則不只局限於細胞。我們很有可能藉由了解分子互動、酶的活動和物理機制，而懂得如何製造、傳遞、接收、儲存和處理訊息，進而發展出對生物界的新看法。隨著這些方法變得更加普遍，可能會顛覆生物學過去的常識和熟悉的世界，轉而去探索更加抽象的世界，就像物理學的巨大轉變一樣。牛頓提出的物理學是我們能理解的基本常識，後來愛因斯坦提出相對論的宇宙觀，接著又有維爾納‧海

森堡（Werner Heisenberg）與埃爾・薛丁格（Erwin Schrödinger）在二十世紀上半揭露量子力學這個怪誕的物理學理論。或許生物界的複雜性將帶來怪異又違背直覺的解答，而要解決這些疑問，生物學家將需要其他領域學者提供更多的協助，像是數學家、計算機科學家和物理學家等，甚至習慣抽象思考和不在乎凡塵俗事的哲學家也能提供協助。

「生命的重點就是訊息」這種觀點也將有助於我們了解更高層次的生物組織，這樣的認知能讓我們明白細胞在形成組織時是如何互動、組織如何形成器官，器官又如何互相合作，製造出像人類這樣功能完整的生物。把整個規模擴大來看也一樣，當我們觀察相同物種和不同物種間的互動，以及整個生態系統與生物圈如何運行時也是如此。訊息管理會發生在各個生命中，從微小的分子到整個地球生

物圈都是，這項事實在生物學家理解生命過程時具有重要意義，因為通常你想知道某個規模現象的答案，就要研究同樣規模的現象才對，不然至少也不需要總是得縮小到基因或蛋白質這種等級。

無論是在較大或較小的生物層級中，為了說明事物在系統中的運作方式所進行的訊息管理可能會有一些共同點。比方說，控制代謝酶、調節基因或維持體內平衡的回饋模組背後的邏輯，和可以讓生態學家在特定物種因氣候變遷或棲息地被破壞而絕種或離開原本居住範圍時，更加正確預測自然環境會有什麼變化，這背後的邏輯是很相似的。

我對甲蟲、蝴蝶和昆蟲都很感興趣，在世界各地觀察到的昆蟲數量和多樣性都愈來愈少，這讓我格外擔心，特別令人不安的是，我們不知道造成這

些現象的原因為何。是棲息地遭到破壞、氣候變遷、農業單一栽培、光害、過度使用殺蟲劑，還是其他原因？許多人提出了各種解釋，而且對自己提出的理論非常肯定，但事實上我們並不真的知道原因。如果我們想要幫忙增加昆蟲數量，就得了解這些昆蟲之間的互動和這些昆蟲與世界各地的互動，許多科學家們都是以不同的方式工作，並以訊息的角度來相互合作和思考這些議題，這些互動將為科學家們提供許多訊息。

　　無論我們關注的是哪個層級的生物組織，愈了解這些生物如何管理內部訊息，就愈能了解這些生物，讓我們不只是單純描述生物的複雜性，還能理解生物為何如此複雜。當我們能做到這一點時，就能知道飛舞的蝴蝶、噬醣的細菌、發育中的胚胎和所有其他生命形式，是如何將訊息轉化為有意義的

知識，進而完成生存、成長、繁殖和演化的目的。

　　由於我們對生命的化學和訊息基礎有了更多的理解，我們可以更加理解生命也能介入這些生物的運作。因此，在我使用從本書五個定義生命的步驟所獲得的見解之前，我想先思考一下如何利用生物學的知識來改變這個世界。

結 語

改變世界

　　我在 2012 年預計前往斯科特基地（Scott Base）的南極研究站，我一直想到南極地區廣大的冰漠參觀，那裡可說是地球真正的盡頭。終於我有了機會，在出發之前我必須進行例行性的健康檢查，結果出乎意料，我第一次面對了自己可能死亡的事實。

　　我罹患了嚴重的心臟疾病。在意外發現這件令人不快的事情後幾個星期內，我就進行了手術。我

被麻醉後躺在手術室裡，外科醫生打開我的胸腔，找到無法為我的心肌提供足夠血液的問題血管，然後從我的胸腔取了四根短動脈，並從我的腿部取了一根靜脈，然後裝到我的心臟，讓血液能夠繞過有問題的區域。幾個小時後我清醒了，身上都是手術刀的痕跡，但是把心臟給修好了。

手術挽救了我的性命，而這場手術之所以能夠成功，除了得感謝治療我的醫療人員醫術高明和深具同理心之外，還得感謝我們對於生命的理解，因為我們對於人體和組織、細胞和其化學機制有這麼多理解，才有可能完成這項手術。麻醉師有信心為我施打的藥物會讓我的腦部暫時喪失知覺，但之後還能醒來。注入我心臟的藥劑能讓心臟停止跳動數個小時，醫生知道藥劑的鉀濃度足以改變我心臟肌肉細胞的化學性，讓肌肉放鬆。有部機器在手術中

代替我的心臟和肺臟，以正確的速率為血液提供充足的氧氣。在手術期間和術後，我都服用了抗生素，不讓會造成感染的細菌靠近。沒有這些過去累積而來、關於生命的所有知識的話，我今天就無法活著寫下這些文字。

隨著我們對生命有更多了解，也擁有更多新力量可以控制和改變所有生物，但我們必須適當地運用這些力量。生物系統非常複雜，如果我們不夠了解這些生物時就插手干預，很可能會犯下錯誤，造成的問題會比我們解決的問題還多。

綜觀整個人類歷史，大部分的人類不是死於年老而是死於傳染病。細菌、病毒、真菌、蠕蟲和許多寄生蟲與瘟疫奪走了數百萬條人命，有些孩子甚至還未脫離襁褓就死亡了。十四世紀橫掃全世界的

黑死病消滅了歐洲幾乎一半的人口。事實上，在過去歷史多數時間中，死亡就像日常。

然而，今日的狀況並非如此，現在的疫苗、衛生設備和抗菌藥物隨手可得，我們有工具可以預防、治療或控制各種過去致命的傳染病。就連曾經被某些人稱為是下一場大瘟疫的愛滋病毒，現在已經成為穩定的慢性疾病，只要透過妥善的照顧就能獲得治療。數千年來，醫療保健主要都是依賴迷信、曖昧不明的解釋與大量未經證實和有時相當冒險的治療方式來處理，現今社會的轉變真的是一個奇蹟，這全靠我們對生命的知識所賜，而這些知識是由科學所誕生，然後應用到世界的每個角落。

然而，人類要和傳染病這個自古以來的禍害對抗仍有很長的路要走。當我在 2020 年初寫下這些

文字時，2019 冠狀病毒病[1]（COVID-19）正造成全世界的動盪，許多的病毒感染就像這次的冠狀病毒一樣，可能會造成癱瘓甚至是死亡。儘管 2014年到 2015 年間於西非爆發了伊波拉病毒（Ebola virus），卻激發了有效疫苗的快速發展，而這些措施只有能在正確時間給予需要的人時才有幫助。不管是在富裕或貧窮的國家，都有太多人口仍缺乏接觸可靠治療的管道。同樣令人驚訝的是，某些已開發國家的政治人物竟然忽略科學家和專家的建議，沒有採取有效的措施來應對這樣的流行疾病。這種疏忽已經造成嚴重後果，讓一切盡快恢復常軌是人類的當務之急。

那些幸運能接受良好醫療照護的人應該珍惜這

1　世界衛生組織（WHO）所採取之中文翻譯。

些社會資源，這是文明社會的標章，比方說我在英國的國民保健署（National Health Service）接受心臟手術時是不用付費的。「隨收隨付制」（pay as you go）的健保系統懲罰的是最貧窮的人，以風險為基礎的保險制度懲罰的是最有需求的人。還有那些沒有足夠證據就蓄意批評疫苗安全性和有效性的人得知道，拒絕經過證實、臨床認證的疫苗可是缺乏道德的事情。他們這樣做不僅是危害自己和家人安全，也危害了周遭許多人的安全，因為拒絕疫苗等於是破壞群體免疫的機會，並且會讓傳染病更容易傳播。

　　然而，基於天擇演化的理論，與傳染病的戰鬥是我們永遠無法全面獲勝的一場戰役，因為多數細菌和病毒都能快速複製，其基因也能快速調整和適應，也就是說新的菌株隨時會出現，而且會不斷演

化出各種巧妙的方法來逃過或欺騙我們的免疫系統和藥物，因此抗菌劑的抗藥性會是一大問題。這是天擇造成的結果，而這一切正在我們眼前發生，後果堪憂。使用抗生素來對抗細菌但卻沒有完全殺死細菌的話，細菌就會發展出對藥物的抗藥性，因此服用正確劑量的抗生素而且只在真正需要時服用，並完成醫生囑咐的服用療程是非常重要的，否則不僅是讓自己健康承受風險，也會對他人造成危害。另一種同樣危險，甚至更加危險的做法是畜牧業的養殖方式，他們會將低劑量的抗生素藥物滴灌給動物食用，藉以提升這些牲畜的生長速度。

現在，能抵抗我們所進行的各種干預措施而存活的菌株正在誕生，這些菌株造成的疾病將變得無法治癒。這種產生抗藥性的細菌會讓藥物失效，讓數百萬人的性命受到威脅。想像一下，要是你

和家人生活的世界會僅僅因為被玫瑰花刺傷或是被狗咬傷，甚至只是去一趟醫院就會遭受無法治癒的感染的話會有多麼可怕。但面對此一威脅，我們不能就這麼聽天由命，我們得先認清問題，才能解決問題。

我們可以做的事情很多，像是更加謹慎使用現有的抗菌性藥物；設計更好的方式來偵測和追蹤抗藥性傳染病；開發有效的新抗菌藥物，並全力支持開發這些藥物的研究人員等等。我們必須運用自己對生命的所有知識來解決這個問題，人類的未來可能全取決於我們採用的這些作法了。

隨著醫療保健的改善和傳染病威脅的逐漸減少，人類的平均壽命一直在穩定爬升，但隨著人類的壽命增長，也必須面對許多令人受罪的非傳染性

疾病，像是心臟病、糖尿病、各種類型的精神疾病和癌症等。這些疾病的根源都和年老與不健康的生活習慣脫不了關係，這些疾病的數量也正在全球上升中，不僅對患者來說是重大挑戰，對想要了解和治癒這些疾病的科學家來說，也是一大挑戰。

　　我們來思考一下癌症這個疾病，癌症其實不是一種疾病，而是許多疾病的集結。每種癌症都是不同的，發生機率也會隨著時間改變，所以發展到晚期的癌症通常有點像是一個自成一格的生態系統，裡頭包含許多不同類型的癌症細胞，每個細胞包含不同的基因突變。這同樣也是天擇進化所帶來的結果，當細胞有新的基因變化和突變時，細胞就會開始分裂和失控成長，此時就會產生癌症。癌細胞之所以能蓬勃發展是因為具有選擇優勢，可以獨占身體的資源，癌細胞能發展得比周圍未變異的細胞還

好並忽視身體要求「停止生長」的訊號。

　　隨著我們對生命有更多認識，也發展出一些新療法來治療癌症，比方說癌症免疫療法的目標就是要教導身體的免疫系統去辨識和攻擊癌細胞。這是一種十分明智的作法，因為這樣免疫系統就能對癌細胞發動極為精確的攻擊，而不會傷害到旁邊健康的細胞。我和同事進行的酵母細胞週期研究也帶來了新的治療方式，結合並使人類 CDK 細胞週期控制蛋白質失去活性的藥物現在正被用來治療許多罹患乳癌的婦女，四十年前我也沒想到研究酵母細胞會製造出治療癌症的新藥。由於癌症是細胞適應和演化能力造成的必然結果，我們永遠無法完全消滅癌症，但隨著我們對生命愈來愈了解，也將愈來愈能及早發現癌症，並更有效治療癌症，我相信有一天癌症將不再像今日這樣造成人們的恐懼。

如果我們想加快抗癌和對抗其他非傳染性疾病的進展，破解基因訊息會是個重要的新方法。當2003年人類基因組的第一批初步的DNA序列在全世界公開發表時，就預示會展開預防醫學的新未來，許多參與者都很期待未來可以在人類出生時精確地估算其遺傳風險，包括預測這些風險會怎麼和生活型態與飲食產生互動，但不管是從科學的角度或道德的角度來看，這個目標都相當具有挑戰性。

　　部分原因是生命極為複雜，幾乎沒有人類的性格會像孟德爾在菜園中研究的豌豆幼苗那般明確。光是單一基因的各種不同缺陷造成的相似疾病就有數種，像是亨丁頓舞蹈症、囊狀纖維化和血友病等，這些疾病造成患者極大的折磨與痛苦，但患者人數相對較少。相對之下較常見的疾病像是心臟病、癌症和阿茲海默症，其觸發因素就較為多元，

是由許多單一基因的共同影響所造成，這些基因彼此之間產生互動，同時也與我們居住的環境產生互動，而這些互動既複雜又難以預測。我們正開始解開這些在先天與後天之間糾纏不清、錯綜複雜的因果關係，但進展不易，速度也十分緩慢。

在這個領域中，以訊息的角度來理解生命就成為重點。研究人員正在蒐集大量資料，這些資料包含了基因序列、生活模式、訊息和就醫紀錄，是從數百萬人蒐集而來。但要理解這麼龐大的資料是很困難的，基因和環境之間的互動十分複雜，研究這個領域的人員正盡可能地利用目前的技術來進行研究，包括像是利用機器學習這樣的新方法。

但我們現在對這個領域有了更多實用的見解。比方說，現在可以透過基因剖析來找出哪些人有較

高風險罹患心臟病或肥胖症，這些資料可以用來給予個人量身訂做的生活模式或用藥建議。這會是醫學的一大進展，但我們能透過基因組正確預測的能力愈強大，就愈必須認真思考這些知識該如何獲得最佳運用。

　　能正確預測疾病尤其會對以個人健康保險為資金來源的醫療系統帶來困難，如果沒有嚴格限制這些基因訊息的使用方式，可能會產生有人被拒保和被拒絕照護，或是被收取無法負擔的高額保費的狀況，但這些全不是他們的錯。在接受醫療服務當下不需付費的醫療系統就沒有這類的問題，因為這種系統可以利用這些遺傳誘因的情報更加容易預測、診斷和治療疾病。雖說如此，知道這些訊息也不見得就能活得輕鬆，如果基因科學有天發展到能夠準確地預測你何時會死亡和會以何種方式死亡，你會

想知道嗎？

還有一些遺傳因子是和醫療沒有關係的，像是智力和教育成就等。當我們對個人、不同性別和人口之間的遺傳差異有更多認識時，就必須確保這些看法絕不會被用來作為歧視的基礎。

和讀取基因組的能力同樣厲害的是編輯和重寫基因組的能力。一種叫做 CRISPR-Cas9 的酶是一種功能強大的工具，就像一把分子剪刀，科學家可以利用這種酶對 DNA 進行非常精確的切割，藉以增加、刪除或改變基因序列，這就是所謂的基因編輯或基因組編輯。生物學家自 1980 年左右開始，就已經能夠在酵母等簡單的生物體中做到這一點，那也是我研究裂殖酵母菌的原因之一，但 CRISPR-Cas9 大幅提升了 DNA 序列被剪輯的速度、準確性

和效率，也使得編輯其他更多物種的基因變得更加容易，這之中當然也包括了編輯人類的基因。

隨著時間的流逝，我們可以期待以基因編輯細胞為基礎的新療法出現，例如研究人員已經在製造能抵抗像是愛滋病毒（HIV）這種特定感染的細胞或是用來治療癌症。但目前說來，想要嘗試編輯人類胚胎早期的 DNA 是一件非常魯莽的事情，這會造成新生兒所有細胞的基因被改變，他未來小孩的基因也會被改變。目前以改造基因為基礎的療法存在著風險，可能會在無意間改變了基因組中的其他基因。然而就算只有想要修改的基因被編輯，那些基因修改也可能會造成難以預測和潛在的危險副作用。我們對自己的基因組了解仍有限，不能肯定這樣的風險不會發生，或許未來有一天當這些程序被認為足夠安全時，就能讓一些家庭遠離某些遺傳疾

病的困擾，像是避免生下患有亨丁頓舞蹈症或肺部囊狀纖維化的嬰兒。但利用基因改造來優化基因，像是製造出擁有高智商、外表出眾或體能優異的孩子，則是完全不同的議題了，在將生物學應用於人類生活的各種科技中，這個範疇的議題是當今最棘手的倫理問題之一。雖然使用基因編輯來製造名牌寶寶這件事目前還只是空談，但許多未來要成為父母的人在未來幾年和幾十年間還是必須思考一些困難的議題，因為科學家們會愈來愈懂得預測基因的影響力、改造基因和操控人類的胚胎與細胞，這些議題都是社會必須共同討論的，而現在就應該開始討論。

在生命的另一頭，細胞生物學的進步與發展為退化性疾病提供了治療方法。以幹細胞為例，幹細胞是人體內的未成熟細胞，就像早期胚胎中的細

胞。幹細胞的主要特性是會不斷分裂，產生新細胞，然後再繼續發展出更多特質。成長中的胎兒或嬰兒擁有大量的幹細胞，因為他們持續需要新細胞，但幹細胞也存在於已經停止生長很久的成人身體中。你身體裡的數百萬個細胞每天都會死亡或脫落，所以你的皮膚、肌肉、腸壁、眼睛的角膜緣和身體許多其他組織也會有幹細胞的存在。

近年來，科學家研究出如何分離和培養幹細胞，並促使幹細胞發展成特定的細胞類型，像是神經細胞、肝臟細胞或是肌肉細胞。現在也有可能從患者的皮膚中擷取完全成熟的細胞，經過處理後讓這些細胞逆轉發育時鐘，恢復成幹細胞的狀態。這帶來了令人期待的前景，有一天或許可以從你的臉頰用棉棒採集一下細胞，然後就可以用來製造身體部位的幾乎所有細胞。如果科學家和醫師能完全掌

握這些技術並確定其安全性，就能改進退化性疾病和身體受傷時的治療方法，並讓移植手術有革命性的進展，甚至有可能扭轉目前無法治癒的神經系統和肌肉相關疾病，像是帕金森氏症或肌肉萎縮症。

這些進展激發了許多大膽的預測，而許多預測就來自位於矽谷的企業，這些企業認為未來的生物科技發展將會十分快速，我們將能延緩老化甚至逆轉老化，不過要讓這些主張有實現的可能性才是最重要的。就我個人而言，當我的時間到時，並不會想要冷凍自己的腦或身體，期待某個不太可能實現的未來裡被喚醒、回春然後獲得永生。老化是人體細胞和器官受到各種破壞，死亡和程序性關閉的結果。就算是健康的人，皮膚也會開始失去彈性，肌肉會變得不結實，免疫系統會開始失靈，心臟也逐漸變得無力，這一切都非出自單一原因，也因此不

可能有一個直接的解決方案。但我毫不懷疑在未來的數十年，人類的壽命將逐漸往上攀升，而更重要的是，老年時的生活品質也會改善。我們無法永生，但我們都能受益於更加精進的醫療，那會是綜合了幹細胞、創新藥物和基因工程療法與健康生活習慣的綜合醫療方式，讓我們老化和生病的許多身體部位可以獲得康復和重生。

生物知識的應用不僅徹底改變了我們修復受損身體的能力，還使整體人類得以蓬勃發展。從西元前一萬年我們的祖先開始農耕起，世界的人口就開始往上躍升。當時的人並不知道，但人口躍升的原因是當時的祖先們採用了「人擇」（artificial selection）這樣的模式來馴養動植物才造成的，所獲得的回報就是取得更多和更可靠的食物供應。

和史前時期急遽增加的人口相比，世界人口在我這一生中的增加速度變得更加劇烈，從我出生的 1949 年以來人口激增了將近三倍。那意味著每天都有將近五十億人必須被餵養，而增加的所有糧食是在大約同樣區域的農地上生產的。1950 年代和 1960 年代開始的綠色革命（The Green Revolution）是實現這一目標的關鍵，這和灌溉、肥料、病蟲害防治的發展以及最重要的是主食作物的新品種誕生都有關係。和過去的栽種者相比，參與其中的科學家能夠利用遺傳、生物化學、植物學和演化方面的所有知識來生產新的植物品種。這些研究取得了驚人的成功，並製造出產量極高的新作物，但這一切並非毋需成本。今日有些集約農業的做法已經對土地、農民的生計以及與糧食作物共享環境的其他物種造成傷害，每天所浪費的食物量之多，也是必須被解決的問題。但如果我們沒有在上世紀獲得大量

的生物知識並應用到農業中，現在每年可能還有數百萬人挨餓。

今天全球人口持續成長，而隨著人口成長，我們也愈來愈擔心人類活動會對生物世界造成傷害。展望未來，我們面對的是各種無情的挑戰，一方面是要再從土地生產更多食物，同時還要努力降低對環境的衝擊。我認為我們將會需要一種超越推動上世紀農業革命的方法，並發展出更有效率和創意的方式來生產食物。

可惜的是，從 1990 年代以來，為了增強某些特質而進行的動植物基因改造經常遭受阻撓，通常這些阻撓都缺乏科學證據也對科學不甚理解，我看過針對基改食物安全性的爭辯通常都是來自誤解和不合時宜的遊說。以黃金米（golden rice）為例，

黃金米是一種基因改造作物，改造方式是將一種細菌基因鑲嵌到水稻的一條染色體中，使其製造大量的維生素 A。據估計全世界有兩億五千萬名學齡前兒童缺乏維生素 A，那是導致失明和死亡的重要因素。黃金米或許能針對這個狀況提供直接的幫助，但卻不斷遭到環保人士和非政府組織的攻擊，他們甚至破壞了專門設置來測試黃金米安全性及其對環境影響性的田間試驗場。

這樣做真的可以被接受嗎？不讓全世界最貧窮的人有機會接觸可以讓他們保持健康和維護食物安全的發明，尤其當這些反對意見都是基於追趕潮流和錯誤的資訊，而不是基於可靠的科學證據時，更是無法令人接受。經過基因改造的食品本質上並沒有危險也沒有毒，重點是「所有」植物和牲畜的安全性、效率和對環境與經濟可能造成的衝擊都應該

受到類似的檢驗，不管這些食品是怎麼被製作出來的。我們必須考慮以科學角度做出的風險和收益評估，不要受到企業的商業利益、非政府組織的意識形態或是兩者的經濟考量影響，才能做出最正確的判斷。

在未來的數十年間，我認為我們將必須使用更多的基因工程技術，這個領域將是合成生物學（synthetic biology）這個新興科學嶄露頭角的地方。合成生物學家尋求超越傳統基因工程，採用更為聚焦和遞增的方法，為生物基因工程寫下更多巨幅的變化。

這項技術挑戰是十分艱鉅的，並且對於我們將如何控制和抑制這些新品種也出現了質疑聲浪，但這項技術也可能帶來豐碩的回報，那是因為生命化

學比起人類能在實驗室和工廠中進行的化學過程適應力和效率都來得高。透過基因改造和合成生物學，我們能以強大的新方式重組和重新利用生命化學的智慧。透過合成生物學，我們能製造營養加成（指增加一定的比例）的作物和牲畜，但合成生物學的應用範圍遠不止於此，這門科學能讓我們創造出經過工程改造的植物、動物和微生物，生產出全新種類的藥物、燃料、布料和建築材料。

這種新穎的工程生物系統甚至能幫忙對付氣候變遷的問題。目前科學界擁有明確的共識，地球已經進入加速暖化的階段，這對人類的未來和對更廣大的生物圈來說都是一大威脅。當前極為迫切的挑戰就是要減少溫室氣體排放，並減緩暖化程度。如果我們可以對植物進行工程改造，提升其光合作用的效率，或者使其以工業規模作業，不受細胞限

制，或許就能製造出碳中和的生物燃料和工業原料。科學家們或許也可以運用工程技術製造出能在貧瘠的環境中生存的植物品種，比方說在退化的土壤或容易發生乾旱、不適合種植的地區進行改造。這樣的植物不只可以拿來作為全世界的糧食，也可以用來吸收和儲存二氧化碳，對付氣候變遷問題，還可以成為現在以永續方式運作的工廠的根基，讓我們不要再依賴化石燃料，而是創造出一個更加依靠廢棄物、副產品和陽光的生物系統。

除了開發這些運用工程製造的生物之外，另一個目標是增加地球被光合作用產生的生物所覆蓋的面積，這個提議乍看之下或許不是很容易懂，但只要透過廣泛執行，就能產生意義深遠的影響。另外要思考的一個議題是，當地球上的植物死亡或被收割時，需要能長期儲存碳的地方，此一課題的答案

可能是更多的森林、在海洋中種植更多海藻和海草，促進泥炭沼的形成等。但是要讓這些方案更有效率和快速執行的話，我們就必須對生態力學有最多的認識。昆蟲數量持續且大量和大規模不明原因的減少就是一個警訊，我們的未來與昆蟲這個物種息息相關，因為昆蟲會為許多糧食作物授粉、製造土壤和發揮更多功用。

這些應用的進步全仰賴於對生命和其運作方式有著更多理解，所有領域的生物學家，包括分子和細胞生物學家、遺傳學家、植物學家、動物學家、生態學家等，都需要彼此互相合作，以確保人類文明能和我們周遭的生物圈共榮共享，而不是犧牲和破壞周遭的生物圈。要達成這個目標，我們必須誠實面對人類的無知。儘管我們在了解生命的運作上有了長足的進步，但目前的理解依舊是片面的，如

果我們希望能在安全的前提下，對生命系統做出更多有建設性的貢獻，就還得學習更多的知識。

　　我們一邊在發展科學上的新應用，一邊也必須對生命的運作有更多認識，就如同諾貝爾獎得主，化學家喬治・波特（George Porter）所言：「為了發展應用科學而荒廢對基礎科學的理解，就像是為了將大樓蓋得更高而對地基偷工減料一般，這棟大樓遲早會垮下。」但同樣地，有些科學家也過於執拗，不願意承認有用的應用科學是隨處可能產生的。當我們看見運用那些知識能促進公共利益時，就必須放下成見去執行。

　　但這會帶來更進一步的新問題，那就是我們如何就「公共利益」一詞達成共識呢？如果新的癌症療法非常昂貴，誰應該接受治療、誰又不該？在

沒有充分證據的情況下提倡拒絕接種疫苗或濫用抗生素是否構成犯罪？如果某些犯罪行為是受到個人基因的強烈影響，對這些犯罪行為進行懲罰是否恰當？如果生殖細胞基因編輯能讓許多家庭擺脫亨丁頓舞蹈症之苦，他們是否應該能自由使用這項技術？複製人類有一天將為人所接受嗎？如果為了對抗氣候變遷必須在海裡種植數十億的基因改造藻類，我們應該這麼做嗎？

隨著我們對生命有更多了解，我們也不得不自問許多日益急迫且通常攸關個人的問題，而上述只是這些眾多問題中的少數幾個例子。唯有透過不斷誠實和公開的辯論才能找到眾人所能接受的答案。科學家在這些討論中扮演著特殊角色，因為他們必須清楚說明每個進展的所有好處、風險和危機，但是帶頭討論的必須是整個社會，政治領袖也必須充

分參與這些議題的討論,今日這些領袖之中很少有人注意到科學和科技對我們生活和經濟會產生的巨大影響。

但科學必須優於政治,我們看過太多政治凌駕科學時所造成的慘況。在冷戰期間,蘇聯有能力打造核彈並首度將人類送往外太空,但基因工程的研究和農作物改善計畫卻嚴重落後。史達林為了意識形態之爭,支持了否定孟德爾遺傳理論的冒牌科學家萊森科(Lysenko),結果就是造成人民挨餓。而近來我們目睹了否定氣候變遷的人士的拖延行動,他們不是忽視科學證據就是想辦法去顛覆那些證據,我們應該要透過知識、證據和理性思考來思辨公共利益,而不是被意識形態、道聽塗說、貪婪或政治極端主義所綁架。

不過請不要誤會，科學本身的價值是不容爭議的。這個世界需要科學和科學所帶來的進步。人類不但具有自我意識、聰明又充滿好奇心，我們擁有獨一無二的機會，能運用自己對生命的理解來改變這個世界，所以我們應該盡自己所能讓生命更加美好，這不僅是為我們的家人和身邊的人著想，也是為了日後的子孫和這個我們身處其中與其密不可分的生態系統。我們周遭的世界不僅提供人類無限的驚奇，也是因為有這個世界，人類才得以生存。

所以，什麼是生命？

這是一個大哉問。我以前在學校得到的答案，是由七項特性的字首所組成的「MRS GREN」所定義的，也就是：生物會有活動（Movement）、呼吸（Respiration）、感知（Sensitivity）、生長（Growth）、繁殖（Reproduction）、排泄（Excretion）和營養（Nutrition）等特性。這個定義簡單總結了生物會做的事情，但對於「何謂生命」這個問題卻沒有提供令人滿意的解答，而我想採取不同的方法來解釋這個問題。根據本書中我們對生物五大概念的理解，我將提出一套可以定義生命的基本原則。這些原則將使我們對於生命如何運作、如何啟動，以及將地球上所有生命連結在一起的這個關係本質，進行更深入的探討。

當然，過去也有許多人曾經試圖回答這個問題，埃爾溫·薛丁格曾經在他於 1944 年出版的著作《生命是什麼？》（*What is Life?*）中強調遺傳和訊息的重要性。他提出生命的「代碼劇本」這樣的概念，現在我們知道那個劇本就是用 DNA 寫成的。他在書末提出一項建議，那相當接近生機論的理論，他認為要真正說明生命如何運作，我們需要一種嶄新但尚未被發現的物理定律。

幾年之後，激進的英裔印度生物學家霍爾丹（J.B.S. Haldane）寫了一本《生命是什麼？》，他在書中宣稱：「我不會回答這個問題，事實上我很懷疑這問題是否有完整答案。」他將活著的感覺比擬成對顏色、痛苦和努力的感知，並且說「我們無法用其他角度來描述了。」我認同霍爾丹的觀點，但是我更想到了美國最高法院的波特法官於1964年

針對色情產品所做的定義，他說：「我認為那只可意會，不可言傳。」

諾貝爾獎得主，赫爾曼·馬勒（Hermann Muller）這位遺傳學家就沒有這麼迂迴，他於 1966 年提出關於生物的簡潔定義，他認為「擁有演化能力者」就是生物。馬勒認同達爾文的天擇演化論主張，並將其作為他思考何謂生命時的中心思想。這項機制事實上也是我們所知唯一可以產生這些多元、有組織、有意義和有生命實體的機制，有了這個機制，就不需要牽扯進任何超自然的造物者。

「天擇演化的能力」是我用來定義生命的第一個原則，在天擇的那個章節中，我提到生命的三個基本特徵。生物必須要能複製才能演化，生物必須擁有遺傳系統，而這個遺傳系統必須能顯示變

異性，任何具有這些特徵的實體就能夠演化也將會演化。

我的第二個原則是「生物是有界限、有形體的實體」。生物和其環境各自獨立但能和環境產生互動。這個原則是來自細胞的概念，細胞是最簡單的生命單位，但卻能清楚體現所有生物的特徵。這項原則說明生命是具有形體的，因此也排除了電腦軟體和文化產物被認為是生命的可能性，即便說這些物體看起來似乎也會演化。

我的第三個原則是「生物具有化學特性、物理特性並且能傳遞訊息，生物能建構自己的新陳代謝，並用來供養自己，讓自我成長和複製」。這些生物是透過管理訊息來自我調節，並因此能作為一個有意義的整體來運作。

這三項原則是我對生命的定義。任何根據這三大原則運作的實體都可以被視為是有生命的。

　　支持生命的化學型態是如此奇妙，我們應該花更多篇幅來闡述才對，才能讓我們更加讚嘆生物的神奇。生命這個化學型態的主要特徵是其圍繞著主要由碳原子相連的大型聚合物分子建構。DNA 是其中之一，主要目的是作為可靠的長期訊息儲存處。為此，DNA 螺旋會保護其包含關鍵訊息的元素，也就是位於螺旋核心的核苷酸鹼基，核苷酸鹼基在此很穩定也受到良好的保護。因為如此，研究古代 DNA 的科學家能夠從死亡的遠古生物身上取得 DNA 進行定序，包括一匹在永久凍土中冷凍了將近一百萬年的馬，科學家也擷取了這匹馬的DNA。

但是儲存在 DNA 序列中的訊息不能一直被藏起來不動，必須轉化成行動，產生支撐生命的新陳代謝和身體結構。保存在化學性質穩定和相當無趣的 DNA 中的訊息需要被轉譯成化學性質活躍的分子，也就是蛋白質。

蛋白質也是以碳為基礎的聚合物，但是與 DNA 相比，蛋白質大多數在化學性質上可變化的部分都位於聚合物分子的外部，可以影響蛋白質的 3D 外型也能與世界產生互動，這是讓蛋白質能執行許多功能、打造、維持和複製化學機器的部分。蛋白質和 DNA 不同的是，如果蛋白質受傷或遭到破壞，細胞只要建造新的蛋白分子來替換舊的蛋白分子即可。

我想不到更優雅的解決方案了。線性碳聚合物

的不同結構會產生化學性質穩定的訊息儲存設備，以及高度多樣化的化學活動，我覺得生命化學的這個方面異常簡單又十分神奇。生命結合複雜的聚合物化學與線性訊息儲存的原理十分令人佩服，我推測那不只是地球上生命的核心，也是宇宙中可能有的其他生命的核心。

　　雖然我們所知的生命型態都是依賴碳聚合物生存，但我們對生命的想法不應該受限於地球上的生命化學經驗。可以想像宇宙中其他地方，有著以不同方式使用碳的生命或完全不以碳打造的生命。英國化學家和分子生物學家葛萊‧凱恩斯史密斯（Graham Cairns-Smith）在 1960 年代曾提出另一種可能的原始生命型態，一種能自我複製的黏土晶體粒子。

凱恩斯史密斯想像中的黏土晶體粒子是由矽組成的，這是科幻小說家在想像異世界生物時的熱門選項。矽原子就像碳一樣，最多可以組成四個化學鍵來組成聚合物，用來製作密封膠、黏合劑、潤滑劑和廚具等物品。原則上矽聚合物的體積可能很大且富有變化，足以包含生物訊息，在地球上的含量也比碳多得多，但地球上的生命還是以碳為基礎。那可能是因為根據我們發現的狀況，地球表面上的矽並不像碳那樣容易與其他原子形成化學鍵，因此不會產生足夠的化學多樣性，製造出生命，但若是因此就排除在宇宙其他地方，不同條件下矽或其他化學物質形成生命的可能性，就太愚蠢了。

　　思考何謂生命時，很容易就會在生命與非生命之間劃清界線。細胞顯然是有生命的，所有由細胞組合而成的生物也是有生命的，但還有其他生命型

態是介於兩者之間的模糊地帶。

　　病毒就是最好的例子，病毒是具有基因組的化學實體，有些含有 DNA，有些含有 RNA，其中包含了可以製造包覆每種病毒的蛋白質外殼所需的基因。病毒可以透過天擇來演化，因此可以通過馬勒的測試，但除此之外我們的了解不多。尤其是嚴格說來病毒並無法自我複製，病毒繁殖的唯一辦法是透過感染生物的細胞，並劫持被感染細胞的新陳代謝功能。

　　因此當你感冒時，病毒會進入鼻子內的細胞，並利用鼻內細胞的酶和原料多次複製，產生更多病毒，而當你鼻內受感染的細胞破裂時，也會釋放出數以千計的感冒病毒，這些新病毒會感染附近的細胞，並進入你的血液中，以感染其他地方的細胞。

這是病毒讓自己永生的高明策略,但這也表示病毒無法在與宿主的細胞環境分開的狀況下運作。換句話說,病毒完全依賴另一個生命體來維持自己的生命。甚至可以說,病毒在宿主細胞中發揮化學活性和複製時是有生命的,但在細胞外成為惰性化學物質時就沒有生命。事實上,病毒就在這兩種狀態中循環。

有些生物學家做出結論說,由於病毒必須強烈依賴另一個有生命的實體才能活著,因此病毒並不算真正具有生命,但重點是幾乎所有生命型態,包括人類自己都必須依賴其他生物才能生存。

你熟悉的身體事實上就是一個生態系統,由各種人類和非人類細胞組合而成。人體本身只有約三十兆左右的細胞,但在人體上和人體內有各種多樣

的細菌、古細菌、真菌和單細胞真核生物細胞，這些數量遠多於人體本身的細胞。許多人身上還夾帶了更大的生物，包括各種腸道寄生蟲和寄生在我們皮膚表面，會在毛囊產卵的塵蟎。這些親密的非人類同伴中，有許多都極度依賴人體和人類的細胞生存，但我們也依賴其中一些生物，比方說我們腸道中的細菌會產生某些胺基酸或人體細胞無法自行製造的維生素。

我們不應忘記自己所吃的每一口食物都是由其他生物製造的，甚至許多微生物，例如我研究的酵母菌，也是完全依賴通常由其他生物製造的分子，包括像是葡萄糖和氨都是製造含碳和氮的大分子所需要的。

植物似乎更加獨立。植物可以從空氣和土壤中

的水吸收二氧化碳，並利用太陽的能量來合成許多其需要的複雜分子，包括碳聚合物。但即使是植物也得依賴在其根部或根部附近發現和能從大氣中捕獲氮的細菌。沒有這些生物，就無法創造生命的大分子。事實上，據我們所知，沒有真核生物能獨自做到這一點，也就是說，沒有一個已知的動物、植物或真菌能完全憑藉自己讓細胞產生化學反應。

因此，或許真正獨立的生命型態，那些聲稱完全獨立和非共生的生命型態只有那些乍看之下相當原始的生物，這些生物包括了極微小的藍菌（cyanobacteria）。藍菌通常被稱為藍綠藻，既能行光合作用，也能捕捉自己的氮氣。還有古細菌，古細菌能從海底深處、火山活動活躍的地熱噴發口獲取所有能量和化學原料。令人驚訝的是，這些相對簡單的生物不只比人類生存了更長的時間，也比

人類更加能自力更生。

　　這種不同生物型態之間相互依存的深刻關係也反應在我們細胞的基本構成上。粒線體可以產生我們身體所需的能量，粒線體曾經是一種完全獨立的細菌，具有合成 ATP 的能力。大約在十五億年前發生了一些偶發事件，這些細菌中有些進駐到另一種細胞中，隨著時間過去，宿主細胞變得非常依賴這個寄生細菌產生的 ATP，因此粒線體就成為細胞內的固定成員。這種互利關係的建立可能是整個真核生物發展的關鍵開始。有了可靠的能量供應，真核生物的細胞就能夠變得愈來愈大、愈來愈複雜，使得動植物和真菌演化出今日這些令人目不暇給的多樣物種。

　　這些全都顯示出生物是層層分級的，有必須完

全依賴宿主的病毒，也有比較自給自足的藍細菌、古細菌和植物。我會主張這些不同的型態都是有生命的，因為這些型態都具有自我引導所形成的實體，並可以透過天擇演化發展，雖然這些有生命的實體也都在不同程度上依賴其他生物。

當我們以更寬廣的角度看待生命時，就會對生物的世界有更佳豐富的視野。地球上的生命屬於一個關係緊密的生態系統，在這個系統中充滿各種生物，這種基本的連結不只是因為生物間強烈的依賴，也因為這些生物透過彼此共享的演化根源而擁有類似的基因。生態學家長期以來一直擁護著這種深層的關聯性和連結，事實上，這個想法來自十九世紀初的探險家和博物學家亞歷山大‧馮‧洪保德（Alexander von Humboldt），他認為所有生命都繫於一個完整的連結網絡。或許出人意料，但這種生

物之間的連結性正是生命的核心，也因此很值得我們停下來深思，人類活動會對其他生物的世界帶來什麼樣的衝擊。

　　同一個生命根源所發展出來的生物總類之繁多，令人瞠目結舌，但生物之間有著更大和更基本的相似性，讓這些相異之處都顯得微不足道。生物是一種具有化學性、物理性和能傳遞訊息的機器，其基本運作原則是相同的。比方說生物都使用相同的小分子 ATP 作為能量，同樣依賴 DNA、RNA 和蛋白質之間的基本關係，也使用核醣體來製造蛋白質。弗朗西斯‧克里克認為訊息從 DNA 流到 RNA，再流到蛋白質的這個過程是生命十分基本的法則，因此將其稱為分子生物學的「中心教條（中心法則）」。之後有人曾經提出少數例外，但並不影響克里克提出的重點。

這些生命在化學基礎上深刻的共通性總結出一個精彩的結論：現今地球上的生命只啟動過一次。如果不同的生命型態曾經獨立出現過數次並存活下來，其後代就極不可能以如此相似的方式執行其基本運作。

如果所有生命都隸屬於同一個巨大的家族，那麼這個家族的源頭來自哪裡？在非常非常久遠之前，沒有生命和秩序的化學物質不知怎麼地在某處形成了有秩序的型態，使自己能夠延續、複製，最終獲得了天擇演化這個最重要的能力。但這一切，這個最終也關乎人類的故事，是怎麼開始的？

地球是在四十五億多年前形成，當時太陽系剛誕生。在最初的五億年間左右，地球表面太過炙熱且不穩定，所以無法誕生生命。迄今為止發現能確

認的最古老化石生物大約存在於三十五億年前，這表示花費了數億年的時間才醞釀出生命。那是一段漫長到我們難以理解的時間，但對地球上生命的歷史來說只是一小段時間。弗朗西斯・克里克認為生命不可能在這樣的期間內就發展出來，所以他主張生命一定是在宇宙其他地方誕生，並以半成形或完全成形的狀態被送到地球來，但這項主張不僅沒有回答生命是如何從無到有，反而是規避了這個關鍵問題。今天我們可以就這個問題提供一個具有可信度的解答，但目前尚無法驗證其真實性。

最古老的化石和今日的某些細菌很相似，這表示當時生命的結構就已經很完整，有細胞膜包覆的細胞，有以 DNA 為基礎的遺傳系統，也有以蛋白質為基礎的新陳代謝功能。

但哪個先出現呢？是複製以 DNA 為基礎的基因？以蛋白質為基礎的新陳代謝？或是封閉的細胞膜？在今天的生物當中，這些系統會形成一個相互依存的系統，只有在作為一個整體時才能正常運作。以 DNA 為基礎的基因只有透過蛋白質酵素的協助才能自我複製，但蛋白質酵素只能透過 DNA 內部的指令才能製造，故兩者缺一不可。另外一個重點是，基因和新陳代謝都要依賴細胞外部的細胞膜才能集中在必需的化學物質上，擷取能量和保護自身不受外在環境影響。但我們現在知道，活細胞得利用基因和酵素來打造精密的細胞膜。很難想像這三位一體的基因、蛋白質和細胞膜單靠自己要如何運作。要是你移除其中一個元件，整個系統就會迅速崩解。

　　細胞膜的形成或許是最容易說明的部分。我們

知道形成細胞膜的脂質分子是透過自主產生的化學反應而成形，這其中所需要的物質和條件被認為是地球早期就具有的。而當科學家將這些脂質放入水中時，產生了意想不到的結果。脂質會自主和外頭有膜的空心球體聚集在一起，那些球體和某些細菌細胞的大小與形狀雷同。

透過這個形成有膜實體的可行機制，讓我們不禁揣想是DNA基因先出現，或是蛋白質先出現。對於這個蛋生雞或雞生蛋的問題，科學家目前為止發現的最佳解答是兩者皆非，因為最先出現的可能是和 DNA 在化學性質上相近的另一種物質 RNA。

RNA 分子和 DNA 一樣可以儲存訊息，也能被複製，並藉由複製過程中產生的錯誤發展出變異性，這個意思就是說 RNA 可以作為一種能進行演

化的遺傳分子，以 RNA 為基礎的病毒今日還是這麼做。RNA 分子另一個重要特性就是能折疊形成更加複雜的 3D 結構，作為酵素使用。以 RNA 為基礎的酵素不像蛋白質酵素那麼複雜或有那麼多用途，但卻能催化某些化學反應，比方說對今日核醣體功能很關鍵的數種酵素就是由 RNA 製造的，如果結合 RNA 這兩種特性，或許就能產生作為基因或酵素使用的 RNA 分子，結合遺傳系統和原始的新陳代謝為一體，等於就是一個能自給自足，並以 RNA 為基礎的活機器。

有些研究學者認為，這些 RNA 機器或許是先在一些岩石內形成，這些岩石是圍繞在深海地熱噴發口旁的岩石。岩石內的細小孔洞或許提供了天然的保護環境，在火山活動衝破地殼時提供穩定的能源和化學原料。在這些情況下，製造 RNA 聚合物

所需的核苷酸可能會從較簡單的分子結合而被製造出來。首先，岩石內的金屬原子或許作為了化學催化劑，因此不需要生物酵素的協助就能產生反應。最後，在數千年的反覆嘗試與錯誤之中，就可能形成由 RNA 製作的機器，這個機器不僅有生命、能自給自足還能自我複製，而且在過了一段時間之後還會和有膜的實體結合，出現第一個真正的細胞，那就成為生命誕生的里程碑。

我說的這個故事看似合理，但請記得那也純粹只是推測。第一個生命型態沒有留下任何足跡，所以要追查生命萌芽之初到底發生什麼事，或地球在三十五億多年前到底是什麼狀態，是非常困難的事。

然而，當第一個細胞成功成形之後，就不難想

像接下來發生的事。首先,單細胞微生物會散布於地球各處,逐漸聚居於海洋、陸地和空氣中。再過了約二十億年,體型較大和更加複雜,但依舊是單細胞的真核生物會加入其中。真正多細胞的真核生物要在更晚才會出現,那是又過了十億年左右的事,也就是說多細胞生命已經存在六億多年,約占生命史六分之一的時間。那時周圍已經出現各種最大型和最顯眼的生物型態,像是高聳的森林、成群的螞蟻、大片的地下真菌、非洲草原上成群的哺乳動物,還有更近期出現的現代人類。

這一切的發生都是透過盲目、未經引導但卻高度具有創造力的天擇演化過程。但當我們想到生命在演化方面的成功時,也應該記得這是因為族群中的有些成員沒有生存下來和成功複製,演化才能這麼有效率。所以說,雖然生命整體說來是非常有韌

性、持久和擁有強大的適應力，但生命個體往往只擁有有限的生命，當周遭環境改變時，適應能力也是有限的。這時天擇就會派上用場，消滅舊有已經適應的生命，如果出現更適合的變體存在於群體中，就讓出位置給新的生命。看來似乎只有透過死亡，才能帶來新生。

天擇殘酷的篩選過程創造了許多意想不到的事情，其中最令人驚奇的就是創造了人類的大腦。據我們目前所知，沒有其他生物和人類一樣能意識到自己的存在，人類的自我意識一定也經過了演化，至少是部分經過演化，讓我們更懂得在這個世界發生變化時調整自己的行為。人類和蝴蝶不同，或許也和我們已知的所有生物都不同，人類能刻意去選擇和對激勵我們的目標進行深思。

人腦和所有其他生物一樣都是基於同樣的化學和物理學所演化出來的，然而，出於某些不明的原因，人腦卻能從同樣簡單的分子以及諸多常見的運作力當中，生出複雜的能力。這一切是如何從人腦的液態古典化學發展出來的？我們眼前有一堆困難的問題需要解決。我們知道人類的神經系統是基於數十億個神經細胞（也稱「神經元」）之間極為複雜的互動組成，這些神經元之間彼此有數兆的連結，稱為突觸。這些極為精密和經常變化且相互連結的神經元網絡會建立訊息傳遞路徑，傳遞和處理大量的電子訊息流。

　　就如生物界的常例，我們一樣是透過研究較為簡單的生物，像是蠕蟲、蒼蠅和老鼠才知道這些過程。透過神經系統的感覺器官，我們才知道這些系統是如何從環境中收集訊息的。研究人員追蹤了視

覺、聽覺、觸覺、嗅覺和味覺信號通過神經系統的活動，同時標示出神經元的一些連結，這些連結會形成記憶、產生感情回應，並創造出像是收縮肌肉等外在行為。

這些運作都很重要，但這些都只是開始。數十億個獨立神經元之間的互動是如何產生抽象的思想、自我意識和明顯的自由意志？對於這些問題的答案我們只觸及了皮毛，想找到令人滿意的答案，我們可能需要整個世紀甚至更久的時間，而我不認為只依賴傳統自然科學就能達成這個目標。我們將必須更廣泛接受來自心理學、哲學和人文學的見解。電腦科學也能有所幫助，今天我們打造了一個最強大的人工智慧電腦程式，以高度簡化的形式模仿生物的神經網絡處理訊息的方式，這些電腦系統都有令人佩服且愈發強大的數據處理功能，但卻完

全無法模仿人類抽象或想像的思考模式與自我察覺的能力或自我意識，就連要定義這些心理特質都非常困難。現在，我們可以借助小說家、詩人或藝術家的協助，請他們貢獻創意，以更清楚的方式描述人類的心理狀態，或是去質問「活著」到底是指什麼意思。如果我們能在人文學和科學上擁有更加共通的語言，或至少是更多共享的知識能討論這些現象的話，或許更能了解演化如何和為何會讓我們以化學和訊息系統發展，而這個系統又出於某種原因，變成能意識到自己存在的實體。我們必須竭盡自己的想像力和創造力，才有可能了解這些力量可能帶來的結果。

宇宙之大超越我們想像，根據機率法則，似乎很難想像在這麼漫長的時間和廣大的空間中，生命──更何況是有感知能力的生命──只在地球上萌

發過一次。我們是否會遇見外星生命是一個完全不同的議題，但假如我們真的遇到，我相信外星生命肯定也像人類一樣，是能自給自足的化學和物理機器，由訊息編碼合成的聚合物打造而成，而且同樣是透過天擇演化。

地球是我們唯一確定宇宙中有生命的星球。地球上包括人類在內的生命都非常卓越出色，這些生命經常令我們驚奇，儘管其多樣性令人困惑，科學家們還是努力理出了頭緒，我們對地球上生命的了解，也成為我們文化和文明發展的基礎。我們對生命日益增加的了解，很有可能可以改善全體人類的生活，但擁有這樣知識的助益遠不止於此。透過生物學我們知道所有生物都是彼此相連且緊密互動的，人類與其他生物息息相關，包括本書談論到的所有生物都是，像是爬行的昆蟲、感染的細菌、

發酵的酵母、擁有好奇心的大猩猩和飛舞的黃色蝴蝶，當然還包括這個生物圈的所有成員。這些物種都是生命的佼佼者，是一個龐大家族譜系所延續下來的最新後代，這個大家族透過細胞分裂綿延相連到遠古的時光裡。

就我們所知，人類是唯一了解這樣深遠的連結，並且能去思考這有什麼意義的生物，因此我們對這個地球上的生物有一個特殊的責任，雖然有些生物和我們關係近，有些關係遠，但我們都必須去關心、照顧並盡可能地了解這些生物。

謝 辭

我要感謝大衛‧菲克林（David Fickling）和蘿西‧菲克林（Rosie Fickling），由於他們的努力才有這本書的問世，另外還要感謝我實驗室和周遭的朋友與同事，他們在多年來不斷與我討論與辯論關於生命本質這個主題。最後我要感謝班‧馬提諾加（Ben Martynoga）給予我的諸多協助，讓這本書的書寫過程十分愉快。

關 於 作 者

© Fiona Hanson

　　保羅・納斯（Paul Nurse）是一名遺傳學家和
細胞生物學家，致力於控制細胞複製的研究工作。
細胞複製是所有生物生長和發展的基礎。保羅・納
斯是倫敦法蘭西斯・克里克研究院（Francis Crick
Institute）院長、英國癌症研究中心執行長、洛克
斐勒大學校長和皇家學會會長。他於 2001 年與其
他受獎人共同獲得諾貝爾生理學或醫學獎（Nobel
Prize in Physiology or Medicine），同時也是拉斯克
獎（Albert Lasker Award）與皇家學會科普利獎章的
獲獎者。

保羅·納斯於 1999 年獲封爵士、2003 年獲頒法國的榮譽勳章、2018 年獲頒日本的旭日章，並於英國的科技委員會任職十五年，為英國首相和內閣提供建言，目前他是歐盟執委會的科學總顧問並且是大英博物館的董事會成員。

　　他還熱愛飛滑翔翼和古董飛機，也曾是合格的荒野飛行員，另外他也喜歡欣賞戲劇、聽古典音樂、健行、參觀博物館和藝廊還有慢跑。

　　本書是他的第一本著作。

國家圖書館出版品預行編目資料

生命之鑰：諾貝爾獎得主親撰 一場對生命奧秘
的美麗探索 / 保羅・納斯爵士 (Sir Paul Nurse)
作；邱佳皇譯 . -- 臺北市：三采文化股份有限公
司 , 2021.12　　面；公分 . -- (PopSci；14)
譯目：What is Life? : Understand Biology in
Five Steps
ISBN 978-957-658-682-8(平裝)

1. 生命科學

361　　　　　　　　110017075

suncolor
三采文化集團

PopSci 14

生命之鑰

諾貝爾獎得主親撰 一場對生命奧祕的美麗探索

作者｜ 保羅・納斯爵士（Sir Paul Nurse）　　審訂｜ 林則彬　　譯者｜ 邱佳皇
主編｜ 喬郁珊　　責任編輯｜ 吳佳錡　　協力編輯｜ 郭慧
美術主編｜ 藍秀婷　　封面設計｜ 池婉珊　　內頁排版｜ 顏麟驊
版權選書｜ 杜曉涵

發行人｜ 張輝明　　總編輯｜ 曾雅青　　發行所｜ 三采文化股份有限公司
地址｜ 台北市內湖區瑞光路 513 巷 33 號 8 樓
傳訊｜ TEL:8797-1234　FAX:8797-1688　　網址｜ www.suncolor.com.tw
郵政劃撥｜ 帳號：14319060　戶名：三采文化股份有限公司
本版發行｜ 2021 年 12 月 3 日　定價｜ NT$400